高水平专业群建设成果活页式系列教材

# 金工实训

主　编　邹专仁
副主编　左江林　贺敏超
主　审　邓海鹰

中国水利水电出版社
www.waterpub.com.cn
·北京·

## 内 容 提 要

本教材共分为电焊机临时用电、台钻床临时用电、变压器低压套管线夹 M10 六角螺母的加工和电气设备接地引下线的焊接四大学习情境。学习情境 1 和学习情境 2 根据工作实际场景，详细介绍了在临时用电过程中需要注意的用电安全规范、用电技术要求、确定用电方案以及实施现场用电等知识和技能要求。学习情境 3 主要介绍变压器低压套管线夹 M10 六角螺母的加工步骤和技能要求，内容以变压器低压套管线夹螺母为例，按照实际工作过程分步骤介绍金工实训中锯削技术、锉削技术、钻削技术等机加工技术要求和技能要求。学习情境 4 主要介绍接地装置的焊接知识和技能要求，内容以电气设备接地引下线的焊接为例，分步介绍焊接引弧技能训练—焊接运条技能训练—焊接收尾技能训练—下料—接地引下线搭接平焊等知识和技能要求。

本教材可供电力类和机电类等相关专业学生在金属加工基本技能训练时使用，也可供相关专业毕业生或社会人员在金属加工和焊接工作时参考。


图书在版编目（CIP）数据

金工实训 / 邹专仁主编. -- 北京 : 中国水利水电出版社, 2020.11(2025.1重印).
高水平专业群建设成果活页式系列教材
ISBN 978-7-5170-9179-0

Ⅰ. ①金… Ⅱ. ①邹… Ⅲ. ①金属加工－实习－高等职业教育－教材 Ⅳ. ①TG-45

中国版本图书馆CIP数据核字(2020)第223463号

| | |
|---|---|
| 书　　名 | 高水平专业群建设成果活页式系列教材<br>**金工实训**<br>JINGONG SHIXUN |
| 作　　者 | 主　编　邹专仁<br>副主编　左江林　贺敏超<br>主　审　邓海鹰 |
| 出版发行 | 中国水利水电出版社<br>（北京市海淀区玉渊潭南路 1 号 D 座　100038）<br>网址：www.waterpub.com.cn<br>E-mail：sales@mwr.gov.cn<br>电话：（010）68545888（营销中心） |
| 经　　售 | 北京科水图书销售有限公司<br>电话：（010）68545874、63202643<br>全国各地新华书店和相关出版物销售网点 |
| 排　　版 | 中国水利水电出版社微机排版中心 |
| 印　　刷 | 清淞永业（天津）印刷有限公司 |
| 规　　格 | 178mm×255mm　16 开本　10 印张　213 千字 |
| 版　　次 | 2020 年 11 月第 1 版　2025 年 1 月第 2 次印刷 |
| 印　　数 | 3001—5500 册 |
| 定　　价 | **38.00** 元 |

# 前　言

2019年1月，国务院印发了《国家职业教育改革实施方案》，方案指出：倡导使用新型活页式、工作手册式教材。为了适应国家职业教育改革发展需要，进一步提高学习者的理论知识和操作技能水平，我们组织学院专业带头人、骨干教师和企业专家，根据闫智勇博士关于活页式、工作手册式教材的相关研究成果，多方论证共同编制了本教材。

本教材精心筛选了4个学习情境，其特点：一是在内容上，模拟电力类和机电类专业毕业生在工作过程中常见的实际工作情境，具有很好的代表性和普遍性；二是在知识和技能教学要求上，符合电力类和机电类专业金工实训课程教学大纲要求；三是在训练流程安排上，坚持“以学习者为中心”的基本思想，有利于推动学习者借助外部资源（如教师提供的资料、互联网查询）主动学习，有效培养学习者主动分析问题和解决问题的能力。

本教材由广西水利电力职业技术学院邹专仁担任主编，广西水利电力职业技术学院左江林、贺敏超担任副主编。广西水利电力职业技术学院邓海鹰教授担任主审。参加编写的人员还有广西水利电力职业技术学院雷红梅、广西机电职业技术学院周正杰、黔西南民族职业技术学院田友飞、吉林水利电力职业技术学院郭艺和广西大通建设监理咨询管理有限公司滕贤。

本教材编写人员在编写过程中参考了闫智勇博士讲座中的“活页式和工作手册式教材编写体例”及同行们的优秀教材，得到很大启发和教益，在此表示衷心的感谢！

由于时间紧，任务重，加之编者水平有限，不足之处在所难免，敬请读者批评指正。

**编者**

2020年8月

# 目　录

学习场

# 金 工 实 训

# 学习情境 1

# 电焊机临时用电

## 1.0 学习性工作任务单

| 学习场 | 金 工 实 训 | | | | | |
|---|---|---|---|---|---|---|
| 学习情境 1 | 电焊机临时用电 | | | 总学时 | 300 分钟 | |
| 典型工作过程描述 | 用电安全规范—分析用电技术要求—勘察现场用电环境—确定选用方案—实施现场用电 | | | | | |
| 学习目标 | 1. 掌握施工现场临时用电规范。<br>2. 掌握施工现场电焊机用电技术要求。<br>3. 掌握施工现场电焊机的选用。<br>4. 树立安全用电职业意识，培养爱岗敬业精神。 | | | | | |
| 任务描述 | 某施工现场需要焊接防雷接地体（线），现按照要求接上临时电源供给电焊机使用。请根据现场需要，安全有效地完成任务，参考图 1.0.1。 | | | | | |
| 学时安排 | 资讯<br>30 分钟 | 计划<br>30 分钟 | 决策<br>30 分钟 | 实施<br>160 分钟 | 检查<br>30 分钟 | 评价<br>20 分钟 |
| 对学生的要求 | 课前预习实训作业单，充分利用网络查找有关实训的学习资料，实训过程中穿着实训服装，贯彻落实自己不伤害自己、自己不伤害他人、自己不被他人伤害、保护他人不被伤害的“四不伤害”和其他安全要求注意事项，严格遵守实训室的各项规章制度。 | | | | | |
| 参考资料 | 参考《电弧焊机通用技术条件》（GB/T 8118—2010）、《施工现场临时用电安全技术规范》（JGJ 46—2005）、《弧焊设备　第 1 部分：焊接电源》（GB/T 15579.1—2013）和《电力安全工作规程（发电厂和变电站电气部分）》（GB 26860—2011）。 | | | | | |

图 1.0.1 现场临时用电

## 1.1　教学引导文

| 学习场 | 金工实训 | 学习情境 1 | 电焊机临时用电 | 参照系 | 《电弧焊机通用技术条件》（GB/T 8118—2010） | |
|---|---|---|---|---|---|---|
| 普适性工作过程 / 典型工作过程 | 资讯 | 计划 | 决策 | 实施 | 检查 | 评价 |
| 用电安全规范 | 查阅《施工现场临时用电安全技术规范》（JGJ 46—2005），获取施工现场用电规范的有关信息，便于安全有效地完成任务。 | 通过同学之间小组讨论，拟订用电安全规范计划，完成 1.1.1.2 用电安全规范环节计划单。 | 计划的可行性、经济性、可操作性和实施难度几方面综合分析，选取最佳方案。 | 查阅有关资料，完成 1.1.1.4 用电安全规范环节实施单。 | 按照 1.1.1.5 用电安全规范环节检查单的检查项目和标准，进行学生自查和教师检查。 | 根据评价项目配置分值，进行自评、互评和教师评价，完成 1.5 电焊机临时用电学习情境评价单。 |
| 分析用电技术要求 | 查阅《弧焊设备 第1部分：焊接电源》（GB/T 15579.1—2013），获取施工现场点焊接用电技术要求的有关信息，便于安全有效地完成任务。 | 通过同学之间小组讨论，拟订用电安全规范计划，完成 1.1.2.2 分析用电技术要求环节计划单。 | 计划的可行性、经济性、可操作性和实施难度几方面综合分析，选取最佳方案。 | 查阅有关资料，完成 1.1.2.4 分析用电技术要求环节实施单。 | 按照 1.1.2.5 分析用电技术要求环节检查单的检查项目和标准，进行学生自查和教师检查。 | 根据评价项目配置分值，进行自评、互评和教师评价，完成 1.5 电焊机临时用电学习情境评价单。 |

续表

| 学习场 | 金工实训 | 学习情境1 | 电焊机临时用电 | 参照系 | 《电弧焊机通用技术条件》（GB/T 8118—2010） | |
|---|---|---|---|---|---|---|
| 普适性工作过程<br>典型工作过程 | 资讯 | 计划 | 决策 | 实施 | 检查 | 评价 |
| 勘察现场用电环境 | 查阅《施工现场临时用电安全技术规范》（JGJ 46—2005），获取施工现场用电规范的有关信息，便于安全有效地完成任务。 | 通过同学之间小组讨论，拟订用电安全规范计划，完成1.1.3.2 勘察现场用电环境环节计划单。 | 计划的可行性、经济性、可操作性和实施难度几方面综合分析，选取最佳方案。 | 查阅有关资料，完成1.1.3.4 勘察现场用电环境环节实施单。 | 按照1.1.3.5 勘察现场用电环境环节检查单的检查项目和标准，进行学生自查和教师检查。 | 根据评价项目配置分值，进行自评、互评和教师评价，完成1.5 电焊机临时用电学习情境评价单。 |
| 确定选用方案 | 查阅《施工现场临时用电安全技术规范》（JGJ 46—2005），获取施工现场用电规范的有关信息，便于安全有效地完成任务。 | 通过同学之间小组讨论，拟订用电安全规范计划，完成1.1.4.2 确定选用方案环节计划单。 | 计划的可行性、经济性、可操作性和实施难度几方面综合分析，选取最佳方案。 | 查阅有关资料，完成1.1.4.4 确定选用方案环节实施单。 | 按照1.1.4.5 确定选用方案环节检查单的检查项目和标准，进行学生自查和教师检查。 | 根据评价项目配置分值，进行自评、互评和教师评价，完成1.5 电焊机临时用电学习情境评价单。 |
| 实施现场用电 | 查阅《弧焊设备 第1部分：焊接电源》（GB/T 15579.1—2013），获取施工现场点焊接用电技术要求的有关信息，便于安全有效地完成任务。 | 通过同学之间小组讨论，拟订用电安全规范计划，完成1.1.5.2 实施现场用电环节计划单。 | 计划的可行性、经济性、可操作性和实施难度几方面综合分析，选取最佳方案。 | 查阅有关资料，完成1.1.5.4 实施现场用电环节实施单。 | 按照1.1.5.5 实施现场用电环节检查单的检查项目和标准，进行学生自查和教师检查。 | 根据评价项目配置分值，进行自评、互评和教师评价，完成1.5 电焊机临时用电学习情境评价单。 |

## 1.1.1　用电安全规范

### 1.1.1.1　用电安全规范环节资讯单

<table>
<tr><td>学习场</td><td colspan="3">金　工　实　训</td></tr>
<tr><td>学习情境 1</td><td>电焊机临时用电</td><td>本环节学时</td><td>6 分钟</td></tr>
<tr><td>典型工作过程描述</td><td colspan="3">用电安全规范—分析用电技术要求—勘察现场用电环境—确定选用方案—实施现场用电</td></tr>
<tr><td>搜集资讯的方式</td><td colspan="3">教师的讲解、互联网查询或者同学间交流</td></tr>
<tr><td>资讯描述</td><td colspan="3">查看教师提供的资料，获取施工现场用电规范的有关信息，便于安全有效地完成任务，如图 1.1.1 所示。<br><br>图 1.1.1　现场勘察</td></tr>
<tr><td>对学生的要求</td><td colspan="3">课前充分预习实训作业单，充分利用网络查找有关实训的学习资料，实训过程中穿着实训服装，贯彻落实自己不伤害自己、自己不伤害他人、自己不被他人伤害、保护他人不被伤害的“四不伤害”安全要求，注意严格遵守实训室的各项规章制度。</td></tr>
<tr><td>参考资料</td><td colspan="3">参考《电力安全工作规程（发电厂和变电站电气部分）》（GB 26860—2011）、《施工现场临时用电安全技术规范》（JGJ 46—2005）和《弧焊设备　第 1 部分：焊接电源》（GB/T 15579.1—2013）。</td></tr>
</table>

### 1.1.1.2 用电安全规范环节计划单

<table>
<tr><td>学习场</td><td colspan="4">金 工 实 训</td></tr>
<tr><td>学习情境1</td><td colspan="2">电焊机临时用电</td><td>本环节学时</td><td>6分钟</td></tr>
<tr><td>典型工作过程描述</td><td colspan="4">用电安全规范—分析用电技术要求—勘察现场用电环境—确定选用方案—实施现场用电</td></tr>
<tr><td>计划制订的方式</td><td colspan="4">同学之间小组讨论</td></tr>
<tr><td>序号</td><td>工 作 步 骤</td><td colspan="3">注 意 事 项</td></tr>
<tr><td>1</td><td>开班前会进行用电安全教育</td><td colspan="3">查看工作班成员的精神面貌是否良好，了解大家对用电安全规范的掌握情况，培养作业人员的职业安全意识和团队协作精神，树立爱岗敬岗的职业价值观。</td></tr>
<tr><td>2</td><td>观看现场触电救护视频</td><td colspan="3"></td></tr>
<tr><td>3</td><td>学习施工现场用电安全知识、有关国家行业标准和文件精神</td><td colspan="3"></td></tr>
<tr><td>4</td><td>讨论学习的收获</td><td colspan="3"></td></tr>
<tr><td>5</td><td>处理分析触电或者火灾等其他应急事故</td><td colspan="3"></td></tr>
</table>

<table>
<tr><td rowspan="3">计划评价</td><td>班级</td><td></td><td>第（ ）组</td><td>组长签字</td><td></td></tr>
<tr><td>教师签字</td><td></td><td>日期</td><td colspan="2"></td></tr>
<tr><td colspan="5">评语：</td></tr>
</table>

### 1.1.1.3　用电安全规范环节决策单

<table>
<tr><td>学习场</td><td colspan="5">金　工　实　训</td></tr>
<tr><td>学习情境 1</td><td colspan="3">电焊机临时用电</td><td>本环节学时</td><td>6 分钟</td></tr>
<tr><td>典型工作过程描述</td><td colspan="5">用电安全规范—分析用电技术要求—勘察现场用电环境—确定选用方案—实施现场用电</td></tr>
<tr><td colspan="6">计　划　对　比</td></tr>
<tr><td>序号</td><td>计划的可行性</td><td>计划的经济性</td><td>计划的可操作性</td><td>计划的实施难度</td><td>综合评价</td></tr>
<tr><td>方案 1</td><td></td><td></td><td></td><td></td><td></td></tr>
<tr><td>方案 2</td><td></td><td></td><td></td><td></td><td></td></tr>
<tr><td>方案 3</td><td></td><td></td><td></td><td></td><td></td></tr>
</table>

<table>
<tr><td rowspan="3">决策评价</td><td>班级</td><td></td><td>第（　　）组</td><td>组长签字</td><td></td></tr>
<tr><td>教师签字</td><td></td><td>日期</td><td colspan="2"></td></tr>
<tr><td colspan="5">评语：</td></tr>
</table>

### 1.1.1.4 用电安全规范环节实施单

| 学习场 | 金 工 实 训 | | |
|---|---|---|---|
| 学习情境1 | 电焊机临时用电 | 本环节学时 | 30分钟 |
| 典型工作过程描述 | 用电安全规范—分析用电技术要求—勘察现场用电环境—确定选用方案—实施现场用电 | | |

| 序号 | 实施步骤 | 工作内容及方法 | 注意事项 |
|---|---|---|---|
| 1 | 开班前会 | 开班前会进行用电安全教育，查看工作班成员的精神面貌是否良好，了解大家对用电安全规范的掌握情况，培养作业人员的职业安全意识和团队协作精神，树立爱岗敬岗的职业价值观。 | |
| 2 | 观看视频 | 观看现场触电救护视频。 | 触电急救技能 |
| 3 | 学习文件标准 | 学习《电力安全工作规程（发电厂和变电站电气部分）》（GB 26860—2011）和《施工现场临时用电安全技术规范》（JGJ 46—2005）。查找并学习临时用电配电箱系统图等。 | |
| 4 | 谈学习收获 | | |
| 5 | 应急事故处理分析 | | |

实施说明：

| 实施评价 | 班级 | | 第（ ）组 | 组长签字 | |
|---|---|---|---|---|---|
| | 教师签字 | | 日期 | | |
| | 评语： | | | | |

### 1.1.1.5　用电安全规范环节检查单

<table>
<tr><td colspan="2">学习场</td><td colspan="4">金　工　实　训</td></tr>
<tr><td colspan="2">学习情境 1</td><td colspan="2">电焊机临时用电</td><td>本环节学时</td><td>6 分钟</td></tr>
<tr><td colspan="2">典型工作过程描述</td><td colspan="4">用电安全规范—分析用电技术要求—勘察现场用电环境—确定选用方案—实施现场用电</td></tr>
<tr><td>序号</td><td>检查项目</td><td colspan="2">检 查 标 准</td><td>学生自查</td><td>教师检查</td></tr>
<tr><td>1</td><td>用电安全资讯环节</td><td colspan="2">获得施工现场用电安全规范的有关信息的来源，是否是电力行业用电安全规范标准。</td><td></td><td></td></tr>
<tr><td>2</td><td>用电安全计划环节</td><td colspan="2">根据施工现场已有条件和具体情况制定用电安全规范步骤的各个方案。</td><td></td><td></td></tr>
<tr><td>3</td><td>用电安全决策环节</td><td colspan="2">对各种用电安全规范的方案衡量对比评分，选择最佳方案。</td><td></td><td></td></tr>
<tr><td>4</td><td>用电安全实施环节</td><td colspan="2">用电安全规范过程中各个环节是否按照国家行业标准执行，是否贯彻落实“四不伤害”。</td><td></td><td></td></tr>
<tr><td>5</td><td>用电安全检查环节</td><td colspan="2">各个环节逐一检查，是否有爱岗敬业的主题思想。</td><td></td><td></td></tr>
<tr><td colspan="2" rowspan="3">检查评价</td><td>班级</td><td></td><td>第（　　）组</td><td>组长签字</td></tr>
<tr><td>教师签字</td><td></td><td>日期</td><td></td></tr>
<tr><td colspan="4">评语：</td></tr>
</table>

## 1.1.2　分析用电技术要求

### 1.1.2.1　分析用电技术要求环节资讯单

| 学习场 | 金　工　实　训 | | |
|---|---|---|---|
| 学习情境 1 | 电焊机临时用电 | 本环节学时 | 6 分钟 |
| 典型工作过程描述 | 用电安全规范—分析用电技术要求—勘察现场用电环境—确定选用方案—实施现场用电 | | |
| 搜集资讯的方式 | 教师的讲解、互联网查询或者同学间交流 | | |
| 资讯描述 | 查看教师提供的资料，获取施工现场电焊机用电安全规范的有关信息，便于安全有效地完成任务，如图 1.1.2 所示。<br><br>图 1.1.2　查找资料 | | |
| 对学生的要求 | 课前预习实训作业单，利用网络查找有关实训的学习资料，实训过程中穿着实训服装，贯彻落实自己不伤害自己、自己不伤害他人、自己不被他人伤害、保护他人不被伤害的“四不伤害”安全要求，注意严格遵守实训室的各项规章制度。 | | |
| 参考资料 | 参考《电力安全工作规程（发电厂和变电站电气部分）》（GB 26860—2011）和《施工现场临时用电安全技术规范》（JGJ 46—2005）。 | | |

### 1.1.2.2　分析用电技术要求环节计划单

| 学习场 | 金　工　实　训 | | |
|---|---|---|---|
| 学习情境 1 | 电焊机临时用电 | 本环节学时 | 6 分钟 |
| 典型工作过程描述 | 用电安全规范—分析用电技术要求—勘察现场用电环境—确定选用方案—实施现场用电 | | |
| 计划制订的方式 | 同学之间小组讨论 | | |

| 序号 | 工作步骤 | 注意事项 |
|---|---|---|
| 1 | 查找现场提供的电焊机参数 | 电焊机使用的是单相交流电还是三相交流电，电流的调节范围等。 |
| 2 | 分析电焊机正常电流是否满足焊件焊接的技术要求 | |
| 3 | 检测电焊机的绝缘性能 | 1. 对绝缘摇表进行自检，包括短路试验和开路试验。<br>2. 摇表保持转速在 120r/min。<br>3. 注意摇表转速恒定时再将“L”端接入。<br>4. 待摇表指针稳定后再读数。<br>5. 测完后要先将“L”端拆出，再停止摇动。 |
| 4 | 分析配电箱空气开关工作电流是否与电焊机工作电流匹配 | |
| 5 | 分析电焊机电源线是否符合规范标准 | |
| 6 | 分析电焊机接地线的安装是否符合要求 | |

| 计划评价 | 班级 | | 第（　　）组 | 组长签字 | |
|---|---|---|---|---|---|
| | 教师签字 | | 日期 | | |
| | 评语： | | | | |

### 1.1.2.3　分析用电技术要求环节决策单

<table>
<tr><td>学习场</td><td colspan="5">金　工　实　训</td></tr>
<tr><td>学习情境 1</td><td colspan="3">电焊机临时用电</td><td>本环节学时</td><td>6 分钟</td></tr>
<tr><td>典型工作过程描述</td><td colspan="5">用电安全规范—分析用电技术要求—勘察现场用电环境—确定选用方案—实施现场用电</td></tr>
<tr><td colspan="6">计　划　对　比</td></tr>
<tr><td>序号</td><td>计划的可行性</td><td>计划的经济性</td><td>计划的可操作性</td><td>计划的实施难度</td><td>综合评价</td></tr>
<tr><td>方案 1</td><td></td><td></td><td></td><td></td><td></td></tr>
<tr><td>方案 2</td><td></td><td></td><td></td><td></td><td></td></tr>
<tr><td>方案 3</td><td></td><td></td><td></td><td></td><td></td></tr>
</table>

<table>
<tr><td rowspan="3">决策评价</td><td>班级</td><td></td><td>第（　　）组</td><td>组长签字</td><td></td></tr>
<tr><td>教师签字</td><td></td><td>日期</td><td colspan="2"></td></tr>
<tr><td colspan="5">评语：</td></tr>
</table>

### 1.1.2.4　分析用电技术要求环节实施单

<table>
<tr><td colspan="2">学习场</td><td colspan="4">金　工　实　训</td></tr>
<tr><td colspan="2">学习情境 1</td><td colspan="2">电焊机临时用电</td><td>本环节学时</td><td>30 分钟</td></tr>
<tr><td colspan="2">典型工作过程描述</td><td colspan="4">用电安全规范—分析用电技术要求—勘察现场用电环境—确定选用方案—实施现场用电</td></tr>
<tr><td>序号</td><td colspan="2">实施步骤</td><td colspan="2">工作内容及方法</td><td>注意事项</td></tr>
<tr><td>1</td><td colspan="2">查阅现场的电焊机参数</td><td colspan="2"></td><td></td></tr>
<tr><td>2</td><td colspan="2">分析电焊机正常电流是否满足焊件焊接的技术要求</td><td colspan="2"></td><td></td></tr>
<tr><td>3</td><td colspan="2">检测电焊机的绝缘性能</td><td colspan="2">1. 对摇表进行短路试验和开路试验自检。<br>2. 测试一次侧对地绝缘电阻值，把“E”端接在焊机外壳，摇表保持转速在 120r/min；再将“L”端接到一次侧线圈，指针稳定后再读数，测完后要先将“L”端拆出，再停止摇动。<br>3. 用同样方法测试二次侧线圈对地和一次侧和二次侧线圈之间的绝缘电阻值。测试值是否符合国家电力行业的标准。</td><td></td></tr>
<tr><td>4</td><td colspan="2">分析配电箱空气开关工作电流是否与电焊机工作电流匹配</td><td colspan="2"></td><td></td></tr>
<tr><td>5</td><td colspan="2">分析电焊机电源线是否符合规范标准</td><td colspan="2"></td><td></td></tr>
<tr><td>6</td><td colspan="2">分析电焊机接地线的安装是否符合要求</td><td colspan="2"></td><td></td></tr>
<tr><td colspan="6">实施说明</td></tr>
<tr><td rowspan="3">实施评价</td><td>班级</td><td></td><td>第（　　）组</td><td>组长签字</td><td></td></tr>
<tr><td>教师签字</td><td></td><td>日期</td><td colspan="2"></td></tr>
<tr><td colspan="5">评语：</td></tr>
</table>

### 1.1.2.5 分析用电技术要求环节检查单

<table>
<tr><td>学习场</td><td colspan="5">金 工 实 训</td></tr>
<tr><td>学习情境 1</td><td colspan="3">电焊机临时用电</td><td>本环节学时</td><td>6 分钟</td></tr>
<tr><td>典型工作过程描述</td><td colspan="5">用电安全规范—分析用电技术要求—勘察现场用电环境—确定选用方案—实施现场用电</td></tr>
<tr><td>序号</td><td>检查项目</td><td colspan="2">检 查 标 准</td><td>学生自查</td><td>教师检查</td></tr>
<tr><td>1</td><td>资讯环节</td><td colspan="2">获得施工现场满足电焊机用电安全的有关信息的来源是否符合国家电力行业标准。</td><td></td><td></td></tr>
<tr><td>2</td><td>计划环节</td><td colspan="2">制定施工现场满足电焊机用电的各个方案。</td><td></td><td></td></tr>
<tr><td>3</td><td>决策环节</td><td colspan="2">对各种施工现场满足电焊机用电的方案衡量对比评分，选取最佳方案。</td><td></td><td></td></tr>
<tr><td>4</td><td>实施环节</td><td colspan="2">施工现场电焊机用电过程中各个环节按照标准执行，贯彻落实“四不伤害”。</td><td></td><td></td></tr>
<tr><td>5</td><td>检查环节</td><td colspan="2">各个环节逐一检查，是否有爱岗敬业的主题思想。</td><td></td><td></td></tr>
</table>

<table>
<tr><td rowspan="3">检查评价</td><td>班级</td><td></td><td>第（ ）组</td><td>组长签字</td><td></td></tr>
<tr><td>教师签字</td><td></td><td>日期</td><td colspan="2"></td></tr>
<tr><td colspan="5">评语：</td></tr>
</table>

## 1.1.3　勘察现场用电环境

### 1.1.3.1　勘察现场用电环境环节资讯单

| 学习场 | 金　工　实　训 | | |
|---|---|---|---|
| 学习情境 1 | 电焊机临时用电 | 本环节学时 | 6 分钟 |
| 典型工作过程描述 | 用电安全规范—分析用电技术要求—勘察现场用电环境—确定选用方案—实施现场用电 | | |
| 搜集资讯的方式 | 教师的讲解、互联网查询或者同学间交流 | | |
| 资讯描述 | 查看教师提供的资料，获取勘察施工现场电焊机用电环境的有关信息，便于安全有效地完成任务，如图 1.1.3 所示。<br><br>图 1.1.3　勘察现场用电环境 | | |
| 对学生的要求 | 课前充分预习实训作业单，充分利用网络查找有关实训的学习资料，实训过程中穿着实训服装，贯彻落实自己不伤害自己、自己不伤害他人、自己不被他人伤害、保护他人不被伤害的“四不伤害”安全要求，注意严格遵守实训室的各项规章制度。 | | |
| 参考资料 | 参考《电力安全工作规程（发电厂和变电站电气部分）》（GB 26860—2011）和《施工现场临时用电安全技术规范》（JGJ 46—2005）。 | | |

### 1.1.3.2 勘察现场用电环境环节计划单

<table>
<tr><td colspan="2">学习场</td><td colspan="5">金 工 实 训</td></tr>
<tr><td colspan="2">学习情境 1</td><td colspan="3">电焊机临时用电</td><td>本环节学时</td><td>6 分钟</td></tr>
<tr><td colspan="2">典型工作过程描述</td><td colspan="5">用电安全规范—分析用电技术要求—勘察现场用电环境—确定选用方案—实施现场用电</td></tr>
<tr><td colspan="2">计划制订的方式</td><td colspan="5">同学之间小组讨论</td></tr>
<tr><td>序号</td><td>工 作 步 骤</td><td colspan="5">注 意 事 项</td></tr>
<tr><td>1</td><td>进入施工现场前准备工作</td><td colspan="5">检查着装是否整齐，是否戴好安全帽和其他个人防护用品等。</td></tr>
<tr><td>2</td><td>进入施工现场</td><td colspan="5"></td></tr>
<tr><td>3</td><td>现场勘察工作</td><td colspan="5">查看焊接作业点是否配置有足够数量的消防设备；查看焊接作业点与氧气瓶、电石桶和乙炔发生器在存放、使用过程中是否符合规定的安全距离；查看现有电源距离焊接作业点是否符合要求；查看电源开关是否配有漏电装置；查看焊接工作地面是否符合要求；查看现场其他防护措施是否到位。</td></tr>
<tr><td>4</td><td>离开施工现场</td><td colspan="5"></td></tr>
<tr><td colspan="2" rowspan="3">计划评价</td><td>班级</td><td></td><td>第（ ）组</td><td>组长签字</td><td></td></tr>
<tr><td>教师签字</td><td></td><td>日期</td><td colspan="2"></td></tr>
<tr><td colspan="5">评语：</td></tr>
</table>

### 1.1.3.3　勘察现场用电环境环节决策单

<table>
<tr><td colspan="2">学习场</td><td colspan="5">金　工　实　训</td></tr>
<tr><td colspan="2">学习情境 1</td><td colspan="3">电焊机临时用电</td><td>本环节学时</td><td>6 分钟</td></tr>
<tr><td colspan="2">典型工作过程描述</td><td colspan="5">用电安全规范—分析用电技术要求—勘察现场用电环境—确定选用方案—实施现场用电</td></tr>
<tr><td colspan="7">计　划　对　比</td></tr>
<tr><td>序号</td><td>计划的可行性</td><td>计划的经济性</td><td colspan="2">计划的可操作性</td><td>计划的实施难度</td><td>综合评价</td></tr>
<tr><td>方案 1</td><td></td><td></td><td colspan="2"></td><td></td><td></td></tr>
<tr><td>方案 2</td><td></td><td></td><td colspan="2"></td><td></td><td></td></tr>
<tr><td>方案 3</td><td></td><td></td><td colspan="2"></td><td></td><td></td></tr>
<tr><td rowspan="3" colspan="2">决策评价</td><td>班级</td><td></td><td>第（　　）组</td><td>组长签字</td><td></td></tr>
<tr><td>教师签字</td><td></td><td>日期</td><td colspan="2"></td></tr>
<tr><td colspan="5">评语：</td></tr>
</table>

### 1.1.3.4　勘察现场用电环境环节实施单

<table>
<tr><td>学习场</td><td colspan="5">金　工　实　训</td></tr>
<tr><td>学习情境 1</td><td colspan="3">电焊机临时用电</td><td>本环节学时</td><td>30 分钟</td></tr>
<tr><td>典型工作过程描述</td><td colspan="5">用电安全规范—分析用电技术要求—勘察现场用电环境—确定选用方案—实施现场用电</td></tr>
<tr><td>序号</td><td>实施步骤</td><td colspan="3">工作内容及方法</td><td>注意事项</td></tr>
<tr><td>1</td><td>进入施工现场前准备工作</td><td colspan="3">检查着装是否整齐，是否戴好安全帽和其他个人防护用品等。</td><td></td></tr>
<tr><td>2</td><td>进入施工现场</td><td colspan="3"></td><td></td></tr>
<tr><td>3</td><td>现场勘察工作</td><td colspan="3">查看焊接作业点是否配置有足够数量的消防设备；查看焊接作业点与氧气瓶、电石桶和乙炔发生器在存放、使用过程中是否符合规定的安全距离；查看现有电源距离焊接作业点是否符合要求；查看电源开关是否配有漏电装置；查看焊接工作地面是否符合要求；查看现场其他防护措施是否到位。</td><td></td></tr>
<tr><td>4</td><td>离开施工现场</td><td colspan="3"></td><td></td></tr>
<tr><td colspan="6">实施说明：</td></tr>
</table>

<table>
<tr><td rowspan="3">实施评价</td><td>班级</td><td></td><td>第（　　）组</td><td>组长签字</td><td></td></tr>
<tr><td>教师签字</td><td></td><td>日期</td><td colspan="2"></td></tr>
<tr><td colspan="5">评语：</td></tr>
</table>

### 1.1.3.5　勘察现场用电环境环节检查单

<table>
<tr><td>学习场</td><td colspan="6">金　工　实　训</td></tr>
<tr><td>学习情境 1</td><td colspan="3">电焊机临时用电</td><td colspan="2">本环节学时</td><td>6 分钟</td></tr>
<tr><td>典型工作过程描述</td><td colspan="6">用电安全规范—分析用电技术要求—勘察现场用电环境—确定选用方案—实施现场用电</td></tr>
<tr><td>序号</td><td>检查项目</td><td colspan="3">检 查 标 准</td><td>学生自查</td><td>教师检查</td></tr>
<tr><td>1</td><td>资讯环节</td><td colspan="3">获得勘察施工现场电焊机用电环境的有关信息的来源。</td><td></td><td></td></tr>
<tr><td>2</td><td>计划环节</td><td colspan="3">制定勘察施工现场电焊机用电环境步骤的各个方案。</td><td></td><td></td></tr>
<tr><td>3</td><td>决策环节</td><td colspan="3">对各种勘察施工现场电焊机用电环境的方案衡量对比评分，获取最佳方案。</td><td></td><td></td></tr>
<tr><td>4</td><td>实施环节</td><td colspan="3">勘察施工现场电焊机用电环境过程中各个环节按照标准执行，贯彻落实“四不伤害”。</td><td></td><td></td></tr>
<tr><td>5</td><td>检查环节</td><td colspan="3">各个环节逐一检查，是否有爱岗敬业的主题思想。</td><td></td><td></td></tr>
<tr><td rowspan="3">检查评价</td><td>班级</td><td></td><td>第（　　）组</td><td>组长签字</td><td colspan="2"></td></tr>
<tr><td>教师签字</td><td></td><td>日期</td><td colspan="3"></td></tr>
<tr><td colspan="6">评语：</td></tr>
</table>

## 1.1.4　确定选用方案

### 1.1.4.1　确定选用方案环节资讯单

| 学习场 | 金　工　实　训 | | |
| --- | --- | --- | --- |
| 学习情境 1 | 电焊机临时用电 | 本环节学时 | 6 分钟 |
| 典型工作过程描述 | 用电安全规范—分析用电技术要求—勘察现场用电环境—确定选用方案—实施现场用电 | | |
| 搜集资讯的方式 | 教师的讲解、互联网查询或者同学间交流 | | |
| 资讯描述 | 查看教师提供的资料，获取施工现场确定电焊机选用方案的有关信息，便于安全有效地完成任务，如图 1.1.4 所示。<br><br>图 1.1.4　确定方案 | | |
| 对学生的要求 | 课前充分预习实训作业单，充分利用网络查找有关实训的学习资料，实训过程中穿着实训服装，贯彻落实自己不伤害自己、自己不伤害他人、自己不被他人伤害、保护他人不被伤害的“四不伤害”安全要求，注意严格遵守实训室的各项规章制度。 | | |
| 参考资料 | 参考《电力安全工作规程（发电厂和变电站电气部分）》（GB 26860—2011）和《施工现场临时用电安全技术规范》（JGJ 46—2005）。 | | |

### 1.1.4.2 确定选用方案环节计划单

<table>
<tr><td>学习场</td><td colspan="6">金 工 实 训</td></tr>
<tr><td>学习情境 1</td><td colspan="4">电焊机临时用电</td><td>本环节学时</td><td>6 分钟</td></tr>
<tr><td>典型工作过程描述</td><td colspan="6">用电安全规范—分析用电技术要求—勘察现场用电环境—确定选用方案—实施现场用电</td></tr>
<tr><td>计划制订的方式</td><td colspan="6">同学之间小组讨论</td></tr>
<tr><td>序号</td><td colspan="2">工 作 步 骤</td><td colspan="4">注 意 事 项</td></tr>
<tr><td>1</td><td colspan="2">查询有关国家电力行业的标准</td><td colspan="4"></td></tr>
<tr><td>2</td><td colspan="2">编写方案</td><td colspan="4"></td></tr>
<tr><td>3</td><td colspan="2">提交方案</td><td colspan="4"></td></tr>
<tr><td>4</td><td colspan="2">小组讨论</td><td colspan="4"></td></tr>
<tr><td>5</td><td colspan="2">确定方案</td><td colspan="4"></td></tr>
<tr><td rowspan="3">计划评价</td><td>班级</td><td></td><td>第（　　）组</td><td>组长签字</td><td colspan="2"></td></tr>
<tr><td>教师签字</td><td></td><td>日期</td><td colspan="3"></td></tr>
<tr><td colspan="6">评语：</td></tr>
</table>

### 1.1.4.3 确定选用方案环节决策单

<table>
<tr><td>学习场</td><td colspan="5">金 工 实 训</td></tr>
<tr><td>学习情境 1</td><td colspan="3">电焊机临时用电</td><td>本环节学时</td><td>6 分钟</td></tr>
<tr><td>典型工作过程描述</td><td colspan="5">用电安全规范—分析用电技术要求—勘察现场用电环境—确定选用方案—实施现场用电</td></tr>
<tr><td colspan="6">计 划 对 比</td></tr>
<tr><td>序号</td><td>计划的可行性</td><td>计划的经济性</td><td>计划的可操作性</td><td>计划的实施难度</td><td>综合评价</td></tr>
<tr><td>方案 1</td><td></td><td></td><td></td><td></td><td></td></tr>
<tr><td>方案 2</td><td></td><td></td><td></td><td></td><td></td></tr>
<tr><td>方案 3</td><td></td><td></td><td></td><td></td><td></td></tr>
</table>

<table>
<tr><td rowspan="3">决策评价</td><td>班级</td><td></td><td>第（ ）组</td><td>组长签字</td><td></td></tr>
<tr><td>教师签字</td><td></td><td>日期</td><td colspan="2"></td></tr>
<tr><td colspan="5">评语：</td></tr>
</table>

### 1.1.4.4　确定选用方案环节实施单

<table>
<tr><td>学习场</td><td colspan="5">金　工　实　训</td></tr>
<tr><td>学习情境 1</td><td colspan="3">电焊机临时用电</td><td>本环节学时</td><td>30 分钟</td></tr>
<tr><td>典型工作过程描述</td><td colspan="5">用电安全规范—分析用电技术要求—勘察现场用电环境—确定选用方案—实施现场用电</td></tr>
<tr><td>序号</td><td>实施步骤</td><td colspan="2">工作内容及方法</td><td colspan="2">注意事项</td></tr>
<tr><td>1</td><td>查询有关标准</td><td colspan="2"></td><td colspan="2"></td></tr>
<tr><td>2</td><td>编写方案</td><td colspan="2"></td><td colspan="2"></td></tr>
<tr><td>3</td><td>提交方案</td><td colspan="2"></td><td colspan="2"></td></tr>
<tr><td>4</td><td>小组讨论</td><td colspan="2"></td><td colspan="2"></td></tr>
<tr><td>5</td><td>确定方案</td><td colspan="2"></td><td colspan="2"></td></tr>
<tr><td colspan="6">实施说明：</td></tr>
</table>

<table>
<tr><td rowspan="3">实施评价</td><td>班级</td><td></td><td>第（　　）组</td><td>组长签字</td><td></td></tr>
<tr><td>教师签字</td><td></td><td>日期</td><td colspan="2"></td></tr>
<tr><td colspan="5">评语：</td></tr>
</table>

### 1.1.4.5　确定选用方案环节检查单

| 学习场 | 金　工　实　训 | | | |
|---|---|---|---|---|
| 学习情境 1 | 电焊机临时用电 | | 本环节学时 | 6 分钟 |
| 典型工作过程描述 | 用电安全规范—分析用电技术要求—勘察现场用电环境—确定选用方案—实施现场用电 | | | |

| 序号 | 检查项目 | 检 查 标 准 | 学生自查 | 教师检查 |
|---|---|---|---|---|
| 1 | 确定选用方案资讯环节 | 获得施工现场电焊机选用的有关信息的来源。 | | |
| 2 | 确定选用方案计划环节 | 制定施工现场电焊机选用步骤的各个方案。 | | |
| 3 | 确定选用方案决策环节 | 对各种施工现场电焊机选用的方案衡量对比评分，获取最佳方案。 | | |
| 4 | 确定选用方案实施环节 | 施工现场电焊机选用过程中各个环节按照标准执行，贯彻落实“四不伤害”。 | | |
| 5 | 确定选用方案检查环节 | 各个环节逐一检查，是否有爱岗敬业的主题思想。 | | |

| 检查评价 | 班级 | | 第（　　）组 | 组长签字 | |
|---|---|---|---|---|---|
| | 教师签字 | | 日期 | | |
| | 评语： | | | | |

## 1.1.5　实施现场用电

### 1.1.5.1　实施现场用电环节资讯单

| 学习场 | 金　工　实　训 | | |
| --- | --- | --- | --- |
| 学习情境 1 | 电焊机临时用电 | 本环节学时 | 6 分钟 |
| 典型工作过程描述 | 用电安全规范—分析用电技术要求—勘察现场用电环境—确定选用方案—实施现场用电 | | |
| 搜集资讯的方式 | 教师的讲解、互联网查询或者同学间交流 | | |
| 资讯描述 | 查看教师提供的资料，获取现场电焊机用电的有关信息，便于安全有效地完成任务，如图 1.1.5 所示。<br><br>图 1.1.5　现场用电 | | |
| 对学生的要求 | 课前充分预习实训作业单，充分利用网络查找有关实训的学习资料，实训过程中穿着实训服装，贯彻落实自己不伤害自己、自己不伤害他人、自己不被他人伤害、保护他人不被伤害的“四不伤害”安全要求，注意严格遵守实训室的各项规章制度。 | | |
| 参考资料 | 参考《电力安全工作规程（发电厂和变电站电气部分）》（GB 26860—2011）和《施工现场临时用电安全技术规范》（JGJ 46—2005）。 | | |

### 1.1.5.2　实施现场用电环节计划单

<table>
<tr><td>学习场</td><td colspan="5">金　工　实　训</td></tr>
<tr><td>学习情境 1</td><td colspan="3">电焊机临时用电</td><td>本环节学时</td><td>6 分钟</td></tr>
<tr><td>典型工作过程描述</td><td colspan="5">用电安全规范—分析用电技术要求—勘察现场用电环境—确定选用方案—实施现场用电</td></tr>
<tr><td>计划制订的方式</td><td colspan="5">同学之间小组讨论</td></tr>
<tr><td>序号</td><td>工 作 步 骤</td><td colspan="2">工 作 内 容</td><td colspan="2">注意事项</td></tr>
<tr><td>1</td><td>作业前准备，落实现场安全措施</td><td colspan="2">检查工作人员的精神状态；办理工作许可手续；工作负责人进行现场安全交底，向工作人员指明工作任务、工作范围、带电部位及安全措施情况。</td><td colspan="2"></td></tr>
<tr><td>2</td><td>停电</td><td colspan="2"></td><td colspan="2"></td></tr>
<tr><td>3</td><td>验电</td><td colspan="2"></td><td colspan="2"></td></tr>
<tr><td>4</td><td>安装设备、接线</td><td colspan="2"></td><td colspan="2"></td></tr>
<tr><td>5</td><td>送电</td><td colspan="2"></td><td colspan="2"></td></tr>
<tr><td>6</td><td>焊接</td><td colspan="2"></td><td colspan="2"></td></tr>
<tr><td rowspan="3">计划评价</td><td>班级</td><td></td><td>第（　　）组</td><td>组长签字</td><td></td></tr>
<tr><td>教师签字</td><td></td><td>日期</td><td colspan="2"></td></tr>
<tr><td colspan="5">评语：</td></tr>
</table>

### 1.1.5.3　实施现场用电环节决策单

<table>
<tr><td>学习场</td><td colspan="5">金　工　实　训</td></tr>
<tr><td>学习情境 1</td><td colspan="3">电焊机临时用电</td><td>本环节学时</td><td>6 分钟</td></tr>
<tr><td>典型工作过程描述</td><td colspan="5">用电安全规范—分析用电技术要求—勘察现场用电环境—确定选用方案—实施现场用电</td></tr>
<tr><td colspan="6">计　划　对　比</td></tr>
<tr><td>序号</td><td>计划的可行性</td><td>计划的经济性</td><td>计划的可操作性</td><td>计划的实施难度</td><td>综合评价</td></tr>
<tr><td>方案 1</td><td></td><td></td><td></td><td></td><td></td></tr>
<tr><td>方案 2</td><td></td><td></td><td></td><td></td><td></td></tr>
<tr><td>方案 3</td><td></td><td></td><td></td><td></td><td></td></tr>
</table>

<table>
<tr><td rowspan="3">决策评价</td><td>班级</td><td></td><td>第（　　）组</td><td>组长签字</td><td></td></tr>
<tr><td>教师签字</td><td></td><td>日期</td><td colspan="2"></td></tr>
<tr><td colspan="5">评语：</td></tr>
</table>

### 1.1.5.4　实施现场用电环节实施单

<table>
<tr><td colspan="2">学习场</td><td colspan="4">金　工　实　训</td></tr>
<tr><td colspan="2">学习情境 1</td><td colspan="2">电焊机临时用电</td><td>本环节学时</td><td>40 分钟</td></tr>
<tr><td colspan="2">典型工作过程描述</td><td colspan="4">用电安全规范—分析用电技术要求—勘察现场用电环境—确定选用方案—实施现场用电</td></tr>
<tr><td>序号</td><td>实施步骤</td><td colspan="2">工作内容及方法</td><td colspan="2">注意事项</td></tr>
<tr><td>1</td><td>作业前准备，落实现场安全措施</td><td colspan="2">检查工作人员的精神状态；办理工作许可手续；工作负责人进行现场安全交底，向工作人员指明工作任务、工作范围、带电部位及安全措施情况。</td><td colspan="2">预防触电事故发生。</td></tr>
<tr><td>2</td><td>停电</td><td colspan="2">执行一人操作一人监护的制度。操作者戴上安全帽、戴好绝缘手套，把电源开关拉下。</td><td colspan="2">预防触电事故发生。</td></tr>
<tr><td>3</td><td>验电</td><td colspan="2"></td><td colspan="2"></td></tr>
<tr><td>4</td><td>安装设备、接线</td><td colspan="2"></td><td colspan="2"></td></tr>
<tr><td>5</td><td>送电</td><td colspan="2"></td><td colspan="2"></td></tr>
<tr><td>6</td><td>焊接</td><td colspan="2"></td><td colspan="2"></td></tr>
<tr><td colspan="6">实施说明：</td></tr>
</table>

<table>
<tr><td rowspan="3">实施评价</td><td>班级</td><td></td><td>第（　　）组</td><td>组长签字</td><td></td></tr>
<tr><td>教师签字</td><td></td><td>日期</td><td colspan="2"></td></tr>
<tr><td colspan="5">评语：</td></tr>
</table>

### 1.1.5.5　实施现场用电环节检查单

<table>
<tr><td>学习场</td><td colspan="5">金　工　实　训</td></tr>
<tr><td>学习情境 1</td><td colspan="3">电焊机临时用电</td><td>本环节学时</td><td>6 分钟</td></tr>
<tr><td>典型工作过程描述</td><td colspan="5">用电安全规范—分析用电技术要求—勘察现场用电环境—确定选用方案—实施现场用电</td></tr>
<tr><td>序号</td><td>检查项目</td><td colspan="2">检 查 标 准</td><td>学生自查</td><td>教师检查</td></tr>
<tr><td>1</td><td>资讯环节</td><td colspan="2">获得施工现场电焊机用电的有关信息的来源。</td><td></td><td></td></tr>
<tr><td>2</td><td>计划环节</td><td colspan="2">制定施工现场电焊机用电步骤的各个方案。</td><td></td><td></td></tr>
<tr><td>3</td><td>决策环节</td><td colspan="2">对各种施工现场电焊机用电的方案衡量对比评分，获取最佳方案。</td><td></td><td></td></tr>
<tr><td>4</td><td>实施环节</td><td colspan="2">施工现场电焊机用电中各个环节按照标准执行，贯彻落实“四不伤害”。</td><td></td><td></td></tr>
<tr><td>5</td><td>检查环节</td><td colspan="2">各个环节逐一检查，是否有爱岗敬业的思想主题。</td><td></td><td></td></tr>
<tr><td rowspan="3">检查评价</td><td>班级</td><td></td><td>第（　　）组</td><td>组长签字</td><td></td></tr>
<tr><td>教师签字</td><td></td><td>日期</td><td colspan="2"></td></tr>
<tr><td colspan="5">评语：</td></tr>
</table>

## 1.2　电焊机临时用电学习情境材料工具清单

| 学习场 | 金　工　实　训 | | | | |
|---|---|---|---|---|---|
| 学习情境 1 | 电焊机临时用电 | | | 本环节学时 | 300 分钟 |
| 典型工作过程描述 | 用电安全规范—分析用电技术要求—勘察现场用电环境—确定选用方案—实施现场用电 | | | | |
| 序号 | 名称 | 作用 | 数量 | 型号 | 使用者 |
| | | | | | |
| | | | | | |
| | | | | | |
| | | | | | |
| | | | | | |
| | | | | | |
| | | | | | |
| | | | | | |
| | | | | | |
| | | | | | |
| | | | | | |
| | | | | | |
| | | | | | |
| | | | | | |
| | | | | | |
| | | | | | |
| | | | | | |
| | | | | | |
| 班级 | | 第（　　）组 | 组长签字 | | |
| 教师签字 | | 日期 | | | |

## 1.3 电焊机临时用电学习情境教学反馈单

<table>
<tr><td>学习场</td><td colspan="4">金 工 实 训</td></tr>
<tr><td>学习情境 1</td><td colspan="2">电焊机临时用电</td><td>本环节学时</td><td>300 分钟</td></tr>
<tr><td>典型工作过程描述</td><td colspan="4">用电安全规范—分析用电技术要求—勘察现场用电环境—确定选用方案—实施现场用电</td></tr>
<tr><td rowspan="6">调查项目</td><td>序号</td><td colspan="2">调 查 内 容</td><td>理由描述</td></tr>
<tr><td></td><td colspan="2"></td><td></td></tr>
<tr><td></td><td colspan="2"></td><td></td></tr>
<tr><td></td><td colspan="2"></td><td></td></tr>
<tr><td></td><td colspan="2"></td><td></td></tr>
<tr><td></td><td colspan="2"></td><td></td></tr>
<tr><td colspan="5">您对本次课程教学的改进意见：</td></tr>
</table>

| 调查信息 | 被调查人姓名 | | 调查日期 | |
|---|---|---|---|---|

# 1.4　电焊机临时用电学习情境分组单

| | | | | | | |
|---|---|---|---|---|---|---|
| 学习场 | 金　工　实　训 | | | | | |
| 学习情境 1 | 电焊机临时用电 | | | | 本环节学时 | 300 分钟 |
| 典型工作过程描述 | 用电安全规范—分析用电技术要求—勘察现场用电环境—确定选用方案—实施现场用电 | | | | | |
| 分组情况 | 组别 | 组长 | 组　员 | | | |
| | | | | | | |
| | | | | | | |
| | | | | | | |
| | | | | | | |
| | | | | | | |
| | | | | | | |
| | | | | | | |
| | | | | | | |
| | | | | | | |
| | | | | | | |
| | | | | | | |
| | | | | | | |
| | | | | | | |
| | | | | | | |
| | | | | | | |
| | | | | | | |
| 分组说明 | | | | | | |
| 班级 | | 教师签字 | | | 日期 | |

## 1.5　电焊机临时用电学习情境评价单

<table>
<tr><td>学习场</td><td colspan="5">金　工　实　训</td></tr>
<tr><td>学习情境 1</td><td colspan="3">电焊机临时用电</td><td>本环节学时</td><td>20 分钟</td></tr>
<tr><td>典型工作过程描述</td><td colspan="5">用电安全规范—分析用电技术要求—勘察现场用电环境—确定选用方案—实施现场用电</td></tr>
<tr><td>评价项目</td><td colspan="2">评 价 子 项 目</td><td>学生自评<br>20%</td><td>组内评价<br>30%</td><td>教师评价<br>50%</td></tr>
<tr><td>用电安全规范环节</td><td colspan="2">1. 资讯 10 分；2. 计划 10 分；3. 决策 10 分；4. 实施 40 分；5. 检查 10 分；6. 工作态度 20 分。</td><td></td><td></td><td></td></tr>
<tr><td>分析用电技术要求环节</td><td colspan="2">1. 资讯 10 分；2. 计划 10 分；3. 决策 10 分；4. 实施 40 分；5. 检查 10 分；6. 工作态度 20 分。</td><td></td><td></td><td></td></tr>
<tr><td>勘察现场用电环境环节</td><td colspan="2">1. 资讯 10 分；2. 计划 10 分；3. 决策 10 分；4. 实施 40 分；5. 检查 10 分；6. 工作态度 20 分。</td><td></td><td></td><td></td></tr>
<tr><td>确定选用方案环节</td><td colspan="2">1. 资讯 10 分；2. 计划 10 分；3. 决策 10 分；4. 实施 40 分；5. 检查 10 分；6. 工作态度 20 分。</td><td></td><td></td><td></td></tr>
<tr><td>实施现场用电环节</td><td colspan="2">1. 资讯 10 分；2. 计划 10 分；3. 决策 10 分；4. 实施 40 分；5. 检查 10 分；6. 工作态度 20 分。</td><td></td><td></td><td></td></tr>
<tr><td>最终结果</td><td colspan="2">1. 资讯 10 分；2. 计划 10 分；3. 决策 10 分；4. 实施 40 分；5. 检查 10 分；6. 工作态度 20 分。</td><td></td><td></td><td></td></tr>
<tr><td rowspan="3">评价</td><td>班级</td><td></td><td>第（　　）组</td><td>组长签字</td><td></td></tr>
<tr><td>教师签字</td><td></td><td>日期</td><td colspan="2"></td></tr>
<tr><td colspan="5">评语：</td></tr>
</table>

## 1.6　教师实施计划单

| 学习场 | 金　工　实　训 | | | | | |
|---|---|---|---|---|---|---|
| 学习情境 1 | 电焊机临时用电 | | | 学时 | 300 分钟 | |
| 典型工作过程描述 | 用电安全规范—分析用电技术要求—勘察现场用电环境—确定选用方案—实施现场用电 | | | | | |
| 序号 | 工作与学习步骤 | 学时 | 使用工具 | 地点 | 方式 | 备注 |
| | | | | | | |
| | | | | | | |
| | | | | | | |
| | | | | | | |
| | | | | | | |
| | | | | | | |
| | | | | | | |
| | | | | | | |
| | | | | | | |
| | | | | | | |
| 班级 | | 教师签字 | | 日期 | | |

# 学习情境 2

# 台钻床临时用电

## 2.0 学习性工作任务单

<table>
<tr><td>学习场</td><td colspan="6">金　工　实　训</td></tr>
<tr><td>学习情境 2</td><td colspan="3">台钻床临时用电</td><td colspan="2">总学时</td><td>300 分钟</td></tr>
<tr><td>典型工作过程描述</td><td colspan="6">用电安全规范—分析用电技术要求—勘察现场用电环境—确定选用方案—实施现场用电</td></tr>
<tr><td>学习目标</td><td colspan="6">1. 掌握施工现场临时用电规范。<br>2. 掌握施工现场台钻床用电技术要求。<br>3. 掌握施工现场台钻床的选用。<br>4. 树立安全用电职业意识，培养爱岗敬业精神。</td></tr>
<tr><td>任务描述</td><td colspan="6">某施工现场需要给 220kV 线夹板加工钻孔，现要求按照规范接上临时电源供给一台钻床钻孔使用。请你根据现场具体情况，安全有效地完成任务，参考图 2.0.1。<br><br>图 2.0.1　现场用电</td></tr>
<tr><td>学时安排</td><td>资讯<br>30 分钟</td><td>计划<br>30 分钟</td><td>决策<br>30 分钟</td><td>实施<br>160 分钟</td><td>检查<br>30 分钟</td><td>评价<br>20 分钟</td></tr>
<tr><td>对学生的要求</td><td colspan="6">课前充分预习实训作业单，充分利用网络查找有关实训的学习资料，实训过程中穿着实训服装，贯彻落实自己不伤害自己、自己不伤害他人、自己不被他人伤害、保护他人不被伤害的“四不伤害”安全要求，注意严格遵守实训室的各项规章制度。</td></tr>
<tr><td>参考资料</td><td colspan="6">参考《电力安全工作规程（发电厂和变电站电气部分）》（GB 26860—2011）和《施工现场临时用电安全技术规范》（JGJ 46—2005）。</td></tr>
</table>

## 2.1　教学引导文

| 学习场 | 金工实训 | 学习情境 2 | 台钻床临时用电 | 参照系 | 《施工现场临时用电安全技术规范》(JGJ 46—2005) | |
|---|---|---|---|---|---|---|
| 普适性工作过程<br>典型工作过程 | 资讯 | 计划 | 决策 | 实施 | 检查 | 评价 |
| 用电安全规范 | 查看《施工现场临时用电安全技术规范》(JGJ 46—2005)，获取施工现场用电规范的有关信息，便于安全有效地完成任务。 | 通过同学之间小组讨论，拟订用电安全规范计划，完成 2.1.1.2 用电安全规范环节计划单。 | 计划的可行性、经济性、可操作性和实施难度几方面综合分析，选取最佳方案。 | 查找有关资料，完成 2.1.1.4 用电安全规范环节实施单。 | 按照 2.1.1.5 用电安全规范环节检查单的检查项目和标准，进行学生自查和教师检查。 | 根据评价项目配置分值，进行自评、互评和教师评价，完成 2.5 台钻床临时用电学习情境评价单。 |
| 分析用电技术要求 | 查看《施工现场临时用电安全技术规范》(JGJ 46—2005)，获取施工现场点焊接用电技术要求的有关信息，便于安全有效地完成任务。 | 通过同学之间小组讨论，拟订用电安全规范计划，完成 2.1.2.2 分析用电技术要求环节计划单。 | 计划的可行性、经济性、可操作性和实施难度几方面综合分析，选取最佳方案。 | 查找有关资料，完成 2.1.2.4 分析月电技术要求环节实施单。 | 按照 2.1.2.5 分析用电技术要求环节检查单的检查项目和标准，进行学生自查和教师检查。 | 根据评价项目配置分值，进行自评、互评和教师评价，完成 2.5 台钻床临时用电学习情境评价单。 |
| 勘察现场用电环境 | 查看《施工现场临时用电安全技术规范》(JGJ 46—2005)，获取施工现场用电规范的有关信息，便于安全有效地完成任务。 | 通过同学之间小组讨论，拟订用电安全规范计划，完成 2.1.3.2 勘察现场用电环境环节计划单。 | 计划的可行性、经济性、可操作性和实施难度几方面综合分析，选取最佳方案。 | 查找有关资料，完成 2.1.3.4 勘察现场用电环境环节实施单。 | 按照 2.1.3.5 勘察现场用电环境环节检查单的检查项目和标准，进行学生自查和教师检查。 | 根据评价项目配置分值，进行自评、互评和教师评价，完成 2.5 台钻床临时用电学习情境评价单。 |

续表

| 学习场 | 金工实训 | 学习情境 2 | 台钻床临时用电 | 参照系 | 《施工现场临时用电安全技术规范》(JGJ 46—2005) | |
|---|---|---|---|---|---|---|
| 普适性工作过程 / 典型工作过程 | 资讯 | 计划 | 决策 | 实施 | 检查 | 评价 |
| 确定选用方案 | 查看《施工现场临时用电安全技术规范》(JGJ 46—2005)，获取施工现场用电规范的有关信息，便于安全有效地完成任务。 | 通过同学之间小组讨论，拟订用电安全规范计划，完成 2.1.4.2 确定选用方案环节计划单。 | 计划的可行性、经济性、可操作性和实施难度几方面综合分析，选取最佳方案。 | 查找有关资料，完成 2.1.4.4 确定选用方案环节实施单。 | 按照 2.1.4.5 确定选用方案环节检查单的检查项目和标准，进行学生自查和教师检查。 | 根据评价项目配置分值，进行自评、互评和教师评价，完成 2.5 台钻床临时用电学习情境评价单。 |
| 实施现场用电 | 查看《施工现场临时用电安全技术规范》(JGJ 46—2005)，获取施工现场点焊接用电技术要求的有关信息，便于安全有效地完成任务。 | 通过同学之间小组讨论，拟订用电安全规范计划，完成 2.1.5.2 实施现场用电环节计划单。 | 计划的可行性、经济性、可操作性和实施难度几方面综合分析，选取最佳方案。 | 查找有关资料，完成 2.1.5.4 实施现场用电环节实施单。 | 按照 2.1.5.5 实施现场用电环节检查单的检查项目和标准，进行学生自查和教师检查。 | 根据评价项目配置分值，进行自评、互评和教师评价，完成 2.5 台钻床临时用电学习情境评价单。 |

## 2.1.1　用电安全规范

### 2.1.1.1　用电安全规范环节资讯单

| 学习场 | 金　工　实　训 | | |
|---|---|---|---|
| 学习情境 2 | 台钻床临时用电 | 本环节学时 | 6 分钟 |
| 典型工作过程描述 | 用电安全规范—分析用电技术要求—勘察现场用电环境—确定选用方案—实施现场用电 | | |
| 搜集资讯的方式 | 教师的讲解、互联网查询或者同学间交流 | | |
| 资讯描述 | 查看教师提供的资料，获取台钻床用电规范的有关信息，便于安全有效地完成任务，如图 2.1.1 所示。<br><br>图 2.1.1　现场查勘 | | |
| 对学生的要求 | 课前充分预习实训作业单，充分利用网络查找有关实训的学习资料，实训过程中穿着实训服装，贯彻落实自己不伤害自己、自己不伤害他人、自己不被他人伤害、保护他人不被伤害的“四不伤害”安全要求，注意严格遵守实训室的各项规章制度。 | | |
| 参考资料 | 参考《电力安全工作规程（发电厂和变电站电气部分）》（GB 26860—2011）和《施工现场临时用电安全技术规范》（JGJ 46—2005）。 | | |

## 2.1.1.2　用电安全规范环节计划单

<table>
<tr><td>学习场</td><td colspan="5">金　工　实　训</td></tr>
<tr><td>学习情境 2</td><td colspan="3">台钻床临时用电</td><td>本环节学时</td><td>6 分钟</td></tr>
<tr><td>典型工作过程描述</td><td colspan="5">用电安全规范—分析用电技术要求—勘察现场用电环境—确定选用方案—实施现场用电</td></tr>
<tr><td>计划制订的方式</td><td colspan="5">同学之间小组讨论</td></tr>
<tr><td>序号</td><td colspan="2">工 作 步 骤</td><td colspan="3">注 意 事 项</td></tr>
<tr><td>1</td><td colspan="2">开班前会进行用电安全教育</td><td colspan="3"></td></tr>
<tr><td>2</td><td colspan="2">观看现场触电救护视频</td><td colspan="3"></td></tr>
<tr><td>3</td><td colspan="2">学习施工现场用电安全知识和有关文件精神</td><td colspan="3"></td></tr>
<tr><td>4</td><td colspan="2">讨论学习的收获</td><td colspan="3"></td></tr>
<tr><td>5</td><td colspan="2">应急事故处理分析</td><td colspan="3"></td></tr>
<tr><td rowspan="3">计划评价</td><td>班级</td><td></td><td>第（　　）组</td><td>组长签字</td><td></td></tr>
<tr><td>教师签字</td><td></td><td>日期</td><td colspan="2"></td></tr>
<tr><td colspan="5">评语：</td></tr>
</table>

### 2.1.1.3 用电安全规范环节决策单

<table>
<tr><td colspan="2">学习场</td><td colspan="6">金 工 实 训</td></tr>
<tr><td colspan="2">学习情境 2</td><td colspan="3">台钻床临时用电</td><td colspan="2">本环节学时</td><td>6 分钟</td></tr>
<tr><td colspan="2">典型工作过程描述</td><td colspan="6">用电安全规范—分析用电技术要求—勘察现场用电环境—确定选用方案—实施现场用电</td></tr>
<tr><td colspan="8">计 划 对 比</td></tr>
<tr><td>序号</td><td colspan="2">计划的可行性</td><td>计划的经济性</td><td colspan="2">计划的可操作性</td><td>计划的实施难度</td><td>综合评价</td></tr>
<tr><td>方案 1</td><td colspan="2"></td><td></td><td colspan="2"></td><td></td><td></td></tr>
<tr><td>方案 2</td><td colspan="2"></td><td></td><td colspan="2"></td><td></td><td></td></tr>
<tr><td>方案 3</td><td colspan="2"></td><td></td><td colspan="2"></td><td></td><td></td></tr>
<tr><td colspan="2" rowspan="3">决策评价</td><td>班级</td><td></td><td>第（ ）组</td><td>组长签字</td><td colspan="2"></td></tr>
<tr><td>教师签字</td><td></td><td>日期</td><td colspan="3"></td></tr>
<tr><td colspan="6">评语：</td></tr>
</table>

### 2.1.1.4　用电安全规范环节实施单

<table>
<tr><td colspan="2">学习场</td><td colspan="4">金　工　实　训</td></tr>
<tr><td colspan="2">学习情境 2</td><td colspan="2">台钻床临时用电</td><td>本环节学时</td><td>30 分钟</td></tr>
<tr><td colspan="2">典型工作过程描述</td><td colspan="4">用电安全规范—分析用电技术要求—勘察现场用电环境—确定选用方案—实施现场用电</td></tr>
<tr><td>序号</td><td>实施步骤</td><td colspan="2">工作内容及方法</td><td colspan="2">注 意 事 项</td></tr>
<tr><td>1</td><td>开班前会</td><td colspan="2">开班前会进行用电安全教育。</td><td colspan="2"></td></tr>
<tr><td>2</td><td>观看视频</td><td colspan="2">观看现场触电救护视频。</td><td colspan="2">触电急救技能</td></tr>
<tr><td>3</td><td>学习文件标准</td><td colspan="2">学习《电力安全工作规程（发电厂和变电站电气部分）》（GB 26860—2011）和《施工现场临时用电安全技术规范》（JGJ 46—2005）。查找并学习临时用电配电箱系统图等。</td><td colspan="2"></td></tr>
<tr><td>4</td><td>谈学习收获</td><td colspan="2"></td><td colspan="2"></td></tr>
<tr><td>5</td><td>应急事故处理分析</td><td colspan="2"></td><td colspan="2"></td></tr>
<tr><td colspan="6">实施说明：</td></tr>
</table>

<table>
<tr><td rowspan="3">实施评价</td><td>班级</td><td></td><td>第（　　）组</td><td>组长签字</td><td></td></tr>
<tr><td>教师签字</td><td></td><td>日期</td><td colspan="2"></td></tr>
<tr><td colspan="5">评语：</td></tr>
</table>

### 2.1.1.5　用电安全规范环节检查单

<table>
<tr><td colspan="2">学习场</td><td colspan="4">金　工　实　训</td></tr>
<tr><td colspan="2">学习情境 2</td><td colspan="2">台钻床临时用电</td><td>本环节学时</td><td>6 分钟</td></tr>
<tr><td colspan="2">典型工作过程描述</td><td colspan="4">用电安全规范—分析用电技术要求—勘察现场用电环境—确定选用方案—实施现场用电</td></tr>
<tr><td>序号</td><td>检查项目</td><td>检 查 标 准</td><td>学生自查</td><td colspan="2">教师检查</td></tr>
<tr><td>1</td><td>资讯环节</td><td>获得施工现场台钻床用电规范的有关信息的来源。</td><td></td><td colspan="2"></td></tr>
<tr><td>2</td><td>计划环节</td><td>制定施工现场台钻床用电规范步骤的各个方案。</td><td></td><td colspan="2"></td></tr>
<tr><td>3</td><td>决策环节</td><td>对各种施工现场台钻床用电规范的方案衡量对比评分，获取最佳方案。</td><td></td><td colspan="2"></td></tr>
<tr><td>4</td><td>实施环节</td><td>施工现场台钻床用电规范过程中各个环节按照标准执行，贯彻落实“四不伤害”。</td><td></td><td colspan="2"></td></tr>
<tr><td>5</td><td>检查环节</td><td>各个环节逐一检查，是否有爱岗敬业的主题思想。</td><td></td><td colspan="2"></td></tr>
<tr><td colspan="2" rowspan="3">检查评价</td><td>班级</td><td></td><td>第（　　）组</td><td>组长签字</td></tr>
<tr><td>教师签字</td><td></td><td>日期</td><td></td></tr>
<tr><td colspan="4">评语：</td></tr>
</table>

## 2.1.2　分析用电技术要求

### 2.1.2.1　分析用电技术要求环节资讯单

| | | | |
|---|---|---|---|
| 学习场 | 金　工　实　训 | | |
| 学习情境 2 | 台钻床临时用电 | 本环节学时 | 6 分钟 |
| 典型工作过程描述 | 用电安全规范—分析用电技术要求—勘察现场用电环境—确定选用方案—实施现场用电 | | |
| 搜集资讯的方式 | 教师的讲解、互联网查询或者同学间交流 | | |
| 资讯描述 | 查看教师提供的资料，获取台钻床安全用电技术要求的有关信息，便于安全有效地完成任务，如图 2.1.2 所示。<br><br>图 2.1.2　查看资料 | | |
| 对学生的要求 | 课前充分预习实训作业单，充分利用网络查找有关实训的学习资料，实训过程中穿着实训服装，贯彻落实自己不伤害自己、自己不伤害他人、自己不被他人伤害、保护他人不被伤害的“四不伤害”安全要求，注意严格遵守实训室的各项规章制度。 | | |
| 参考资料 | 参考《电力安全工作规程（发电厂和变电站电气部分）》（GB 26860—2011）和《施工现场临时用电安全技术规范》（JGJ 46—2005）。 | | |

### 2.1.2.2　分析用电技术要求环节计划单

<table>
<tr><td>学习场</td><td colspan="5">金　工　实　训</td></tr>
<tr><td>学习情境 2</td><td colspan="3">台钻床临时用电</td><td>本环节学时</td><td>6 分钟</td></tr>
<tr><td>典型工作过程描述</td><td colspan="5">用电安全规范—分析用电技术要求—勘察现场用电环境—确定选用方案—实施现场用电</td></tr>
<tr><td>计划制订的方式</td><td colspan="5">同学之间小组讨论</td></tr>
<tr><td>序号</td><td colspan="2">工 作 步 骤</td><td colspan="3">注 意 事 项</td></tr>
<tr><td>1</td><td colspan="2">查找现场的台钻床参数</td><td colspan="3">单相交流电还是三相交流电，电机功率大小，电动机通过五级变速带轮，主轴可否变转速，工作台能否在圆立柱—上下移动。</td></tr>
<tr><td>2</td><td colspan="2">分析台钻床正常功率是否满足现场钻孔的技术要求</td><td colspan="3"></td></tr>
<tr><td>3</td><td colspan="2">检测台钻床的绝缘性能</td><td colspan="3"></td></tr>
<tr><td>4</td><td colspan="2">分析配电箱空气开关工作电流是否与台钻床工作电流匹配</td><td colspan="3"></td></tr>
<tr><td>5</td><td colspan="2">分析台钻床电源线是否符合规范标准</td><td colspan="3"></td></tr>
<tr><td>6</td><td colspan="2">分析台钻床接地线的安装是否符合要求</td><td colspan="3"></td></tr>
<tr><td rowspan="3">计划评价</td><td>班级</td><td></td><td>第（　　）组</td><td>组长签字</td><td></td></tr>
<tr><td>教师签字</td><td></td><td>日期</td><td colspan="2"></td></tr>
<tr><td colspan="5">评语：</td></tr>
</table>

### 2.1.2.3　分析用电技术要求环节决策单

<table>
<tr><td>学习场</td><td colspan="5">金　工　实　训</td></tr>
<tr><td>学习情境 2</td><td colspan="3">台钻床临时用电</td><td>本环节学时</td><td>6 分钟</td></tr>
<tr><td>典型工作过程描述</td><td colspan="5">用电安全规范—分析用电技术要求—勘察现场用电环境—确定选用方案—实施现场用电</td></tr>
<tr><td colspan="6">计　划　对　比</td></tr>
<tr><td>序号</td><td>计划的可行性</td><td>计划的经济性</td><td>计划的可操作性</td><td>计划的实施难度</td><td>综合评价</td></tr>
<tr><td>方案 1</td><td></td><td></td><td></td><td></td><td></td></tr>
<tr><td>方案 2</td><td></td><td></td><td></td><td></td><td></td></tr>
<tr><td>方案 3</td><td></td><td></td><td></td><td></td><td></td></tr>
<tr><td rowspan="3">决策评价</td><td>班级</td><td></td><td>第（　　）组</td><td>组长签字</td><td></td></tr>
<tr><td>教师签字</td><td></td><td>日期</td><td colspan="2"></td></tr>
<tr><td colspan="5">评语：</td></tr>
</table>

### 2.1.2.4 分析用电技术要求环节实施单

<table>
<tr><td colspan="2">学习场</td><td colspan="4">金　工　实　训</td></tr>
<tr><td colspan="2">学习情境 2</td><td colspan="2">台钻床临时用电</td><td>本环节学时</td><td>30 分钟</td></tr>
<tr><td colspan="2">典型工作过程描述</td><td colspan="4">用电安全规范—分析用电技术要求—勘察现场用电环境—确定选用方案—实施现场用电</td></tr>
<tr><td>序号</td><td colspan="2">实 施 步 骤</td><td colspan="2">工作内容及方法</td><td>注意事项</td></tr>
<tr><td>1</td><td colspan="2">查找现场的台钻床参数</td><td colspan="2"></td><td></td></tr>
<tr><td>2</td><td colspan="2">分析台钻床正常功率是否满足现场钻孔的技术要求</td><td colspan="2"></td><td></td></tr>
<tr><td>3</td><td colspan="2">检测台钻床的绝缘性能</td><td colspan="2"></td><td></td></tr>
<tr><td>4</td><td colspan="2">分析配电箱空气开关工作电流是否与台钻床工作电流匹配</td><td colspan="2"></td><td></td></tr>
<tr><td>5</td><td colspan="2">分析台钻床电源线是否符合规范标准</td><td colspan="2"></td><td></td></tr>
<tr><td>6</td><td colspan="2">分析台钻床接地线的安装是否符合要求</td><td colspan="2"></td><td></td></tr>
<tr><td colspan="6">实施说明：</td></tr>
</table>

<table>
<tr><td rowspan="3">实施评价</td><td>班级</td><td></td><td>第（　　）组</td><td>组长签字</td><td></td></tr>
<tr><td>教师签字</td><td></td><td>日期</td><td colspan="2"></td></tr>
<tr><td colspan="5">评语：</td></tr>
</table>

### 2.1.2.5　分析用电技术要求环节检查单

<table>
<tr><td>学习场</td><td colspan="6">金　工　实　训</td></tr>
<tr><td>学习情境 2</td><td colspan="3">台钻床临时用电</td><td colspan="2">本环节学时</td><td>6 分钟</td></tr>
<tr><td>典型工作过程描述</td><td colspan="6">用电安全规范—分析用电技术要求—勘察现场用电环境—确定选用方案—实施现场用电</td></tr>
<tr><td>序号</td><td>检查项目</td><td colspan="3">检 查 标 准</td><td>学生自查</td><td>教师检查</td></tr>
<tr><td>1</td><td>资讯环节</td><td colspan="3">获得施工现场台钻床安全用电的有关信息的来源是否符合国家电力行业标准。</td><td></td><td></td></tr>
<tr><td>2</td><td>计划环节</td><td colspan="3">制定施工现场台钻床安全用电步骤的各个方案。</td><td></td><td></td></tr>
<tr><td>3</td><td>决策环节</td><td colspan="3">对各种施工现场台钻床安全用电的方案衡量对比评分，获取最佳方案。</td><td></td><td></td></tr>
<tr><td>4</td><td>实施环节</td><td colspan="3">施工现场台钻床安全用电过程中各个环节按照标准执行，贯彻落实“四不伤害”。</td><td></td><td></td></tr>
<tr><td>5</td><td>检查环节</td><td colspan="3">各个环节逐一检查，是否有爱岗敬业的主题思想。</td><td></td><td></td></tr>
<tr><td rowspan="3" colspan="2">检查评价</td><td>班级</td><td></td><td>第（　　）组</td><td>组长签字</td><td></td></tr>
<tr><td>教师签字</td><td></td><td>日期</td><td colspan="2"></td></tr>
<tr><td colspan="5">评语：</td></tr>
</table>

## 2.1.3　勘察现场用电环境

### 2.1.3.1　勘察现场用电环境环节资讯单

<table>
<tr><td>学习场</td><td colspan="3">金　工　实　训</td></tr>
<tr><td>学习情境 2</td><td>台钻床临时用电</td><td>本环节学时</td><td>6 分钟</td></tr>
<tr><td>典型工作过程描述</td><td colspan="3">用电安全规范—分析用电技术要求—勘察现场用电环境—确定选用方案—实施现场用电</td></tr>
<tr><td>搜集资讯的方式</td><td colspan="3">教师的讲解、互联网查询或者同学间交流</td></tr>
<tr><td>资讯描述</td><td colspan="3">查看教师提供的资料，获取施工现场台钻床安全用电的有关信息，便于安全有效地完成任务，如图 2.1.3 所示。<br><br>图 2.1.3　现场勘察环境</td></tr>
<tr><td>对学生的要求</td><td colspan="3">课前充分预习实训作业单，充分利用网络查找有关实训的学习资料，实训过程中穿着实训服装，贯彻落实自己不伤害自己、自己不伤害他人、自己不被他人伤害、保护他人不被伤害的“四不伤害”安全要求，注意严格遵守实训室的各项规章制度。</td></tr>
<tr><td>参考资料</td><td colspan="3">参考《电力安全工作规程（发电厂和变电站电气部分）》（GB 26860—2011）和《施工现场临时用电安全技术规范》（JGJ 46—2005）。</td></tr>
</table>

### 2.1.3.2　勘察现场用电环境环节计划单

| 学习场 | 金　工　实　训 | | |
| --- | --- | --- | --- |
| 学习情境 2 | 台钻床临时用电 | 本环节学时 | 6 分钟 |
| 典型工作过程描述 | 用电安全规范—分析用电技术要求—勘察现场用电环境—确定选用方案—实施现场用电 | | |
| 计划制订的方式 | 同学之间小组讨论 | | |

| 序号 | 工 作 步 骤 | 注 意 事 项 |
| --- | --- | --- |
| 1 | 进入施工现场前准备工作 | |
| 2 | 进入施工现场 | |
| 3 | 现场勘察工作 | 查看焊接作业点是否配置有足够数量的消防设备；查看焊接作业点与氧气瓶、电石桶和乙炔发生器在存放、使用过程中是否符合规定的安全距离；查看现有电源距离焊接作业点是否符合要求；查看电源开关是否配有漏电装置；查看焊接工作地面是否符合要求；查看现场其他防护措施是否到位。 |
| 4 | 离开施工现场 | |

| 计划评价 | | | | | |
| --- | --- | --- | --- | --- | --- |
| | 班级 | | 第（　　）组 | 组长签字 | |
| | 教师签字 | | 日期 | | |
| | 评语： | | | | |

### 2.1.3.3 勘察现场用电环境环节决策单

<table>
<tr><td>学习场</td><td colspan="6">金　工　实　训</td></tr>
<tr><td>学习情境 2</td><td colspan="3">台钻床临时用电</td><td colspan="2">本环节学时</td><td>6 分钟</td></tr>
<tr><td>典型工作过程描述</td><td colspan="6">用电安全规范—分析用电技术要求—勘察现场用电环境—确定选用方案—实施现场用电</td></tr>
<tr><td colspan="7">计　划　对　比</td></tr>
<tr><td>序号</td><td>计划的可行性</td><td>计划的经济性</td><td colspan="2">计划的可操作性</td><td>计划的实施难度</td><td>综合评价</td></tr>
<tr><td>方案 1</td><td></td><td></td><td colspan="2"></td><td></td><td></td></tr>
<tr><td>方案 2</td><td></td><td></td><td colspan="2"></td><td></td><td></td></tr>
<tr><td>方案 3</td><td></td><td></td><td colspan="2"></td><td></td><td></td></tr>
<tr><td rowspan="3">决策评价</td><td>班级</td><td></td><td>第（　　）组</td><td>组长签字</td><td colspan="2"></td></tr>
<tr><td>教师签字</td><td></td><td>日期</td><td colspan="3"></td></tr>
<tr><td colspan="6">评语：</td></tr>
</table>

### 2.1.3.4　勘察现场用电环境环节实施单

<table>
<tr><td>学习场</td><td colspan="5">金　工　实　训</td></tr>
<tr><td>学习情境 2</td><td colspan="3">台钻床临时用电</td><td>本环节学时</td><td>30 分钟</td></tr>
<tr><td>典型工作过程描述</td><td colspan="5">用电安全规范—分析用电技术要求—勘察现场用电环境—确定选用方案—实施现场用电</td></tr>
<tr><td>序号</td><td>实施步骤</td><td colspan="2">工作内容及方法</td><td colspan="2">注意事项</td></tr>
<tr><td>1</td><td>进入施工现场前准备工作</td><td colspan="2">检查着装是否整齐、是否戴好安全帽和其他个人安全防护用品等。</td><td colspan="2"></td></tr>
<tr><td>2</td><td>进入施工现场</td><td colspan="2"></td><td colspan="2"></td></tr>
<tr><td>3</td><td>现场勘察工作</td><td colspan="2">查看焊接作业点是否配置有足够数量的消防设备；查看焊接作业点与氧气瓶、电石桶和乙炔发生器在存放、使用过程中是否符合规定的安全距离；查看现有电源距离焊接作业点是否符合要求；查看电源开关是否配有漏电装置；查看焊接工作地面是否符合要求；查看现场其他防护措施是否到位。</td><td colspan="2"></td></tr>
<tr><td>4</td><td>离开施工现场</td><td colspan="2"></td><td colspan="2"></td></tr>
<tr><td colspan="6">实施说明：</td></tr>
<tr><td rowspan="3">实施评价</td><td>班级</td><td></td><td>第（　　）组</td><td>组长签字</td><td></td></tr>
<tr><td>教师签字</td><td></td><td>日期</td><td colspan="2"></td></tr>
<tr><td colspan="5">评语：</td></tr>
</table>

### 2.1.3.5　勘察现场用电环境环节检查单

| 学习场 | 金　工　实　训 | | | | |
|---|---|---|---|---|---|
| 学习情境 2 | 台钻床临时用电 | | | 本环节学时 | 6 分钟 |
| 典型工作过程描述 | 用电安全规范—分析用电技术要求—勘察现场用电环境—确定选用方案—实施现场用电 | | | | |
| 序号 | 检查项目 | 检 查 标 准 | | 学生自查 | 教师检查 |
| 1 | 资讯环节 | 获得勘察施工现场台钻床用电环境的有关信息的来源是否符合国家电力行业的标准。 | | | |
| 2 | 计划环节 | 制定勘察施工现场台钻床用电环境步骤的各个方案。 | | | |
| 3 | 决策环节 | 对各种勘察施工现场台钻床用电环境的方案衡量对比评分，获取最佳方案。 | | | |
| 4 | 实施环节 | 勘察施工现场台钻床用电环境过程中各个环节按照标准执行，贯彻落实“四不伤害”。 | | | |
| 5 | 检查环节 | 各个环节逐一检查，是否有爱岗敬业的主题思想。 | | | |
| 检查评价 | 班级 | | 第（　　）组 | 组长签字 | |
| | 教师签字 | | 日期 | | |
| | 评语： | | | | |

## 2.1.4　确定选用方案

### 2.1.4.1　确定选用方案环节资讯单

| 学习场 | 金　工　实　训 | | |
|---|---|---|---|
| 学习情境 2 | 台钻床临时用电 | 本环节学时 | 6 分钟 |
| 典型工作过程描述 | 用电安全规范—分析用电技术要求—勘察现场用电环境—确定选用方案—实施现场用电 | | |
| 搜集资讯的方式 | 教师的讲解、互联网查询或者同学间交流 | | |
| 资讯描述 | 查看教师提供的资料，获取施工现场选用台钻床的有关信息，便于安全有效地完成任务，如图 2.1.4 所示。<br><br>图 2.1.4　确定方案 | | |
| 对学生的要求 | 课前充分预习实训作业单，充分利用网络查找有关实训的学习资料，实训过程中穿着实训服装，贯彻落实自己不伤害自己、自己不伤害他人、自己不被他人伤害、保护他人不被伤害的“四不伤害”安全要求，注意严格遵守实训室的各项规章制度。 | | |
| 参考资料 | 参考《电力安全工作规程（发电厂和变电站电气部分）》（GB 26860—2011）和《施工现场临时用电安全技术规范》（JGJ 46—2005）。 | | |

### 2.1.4.2　确定选用方案环节计划单

<table>
<tr><td>学习场</td><td colspan="5">金　工　实　训</td></tr>
<tr><td>学习情境 2</td><td colspan="3">台钻床临时用电</td><td>本环节学时</td><td>6 分钟</td></tr>
<tr><td>典型工作过程描述</td><td colspan="5">用电安全规范—分析用电技术要求—勘察现场用电环境—确定选用方案—实施现场用电</td></tr>
<tr><td>计划制订的方式</td><td colspan="5">同学之间小组讨论</td></tr>
<tr><td>序号</td><td colspan="2">工 作 步 骤</td><td colspan="3">注 意 事 项</td></tr>
<tr><td>1</td><td colspan="2">查询有关标准</td><td colspan="3"></td></tr>
<tr><td>2</td><td colspan="2">编写方案</td><td colspan="3"></td></tr>
<tr><td>3</td><td colspan="2">提交方案</td><td colspan="3"></td></tr>
<tr><td>4</td><td colspan="2">小组讨论</td><td colspan="3"></td></tr>
<tr><td>5</td><td colspan="2">确定方案</td><td colspan="3"></td></tr>
<tr><td rowspan="3">计划评价</td><td>班级</td><td></td><td>第（　　）组</td><td>组长签字</td><td></td></tr>
<tr><td>教师签字</td><td></td><td>日期</td><td colspan="2"></td></tr>
<tr><td colspan="5">评语：</td></tr>
</table>

## 2.1.4.3　确定选用方案环节决策单

<table>
<tr><td>学习场</td><td colspan="5">金　工　实　训</td></tr>
<tr><td>学习情境 2</td><td colspan="3">台钻床临时用电</td><td>本环节学时</td><td>6 分钟</td></tr>
<tr><td>典型工作过程描述</td><td colspan="5">用电安全规范—分析用电技术要求—勘察现场用电环境—确定选用方案—实施现场用电</td></tr>
<tr><td colspan="6">计　划　对　比</td></tr>
<tr><td>序号</td><td>计划的可行性</td><td>计划的经济性</td><td>计划的可操作性</td><td>计划的实施难度</td><td>综合评价</td></tr>
<tr><td>方案 1</td><td></td><td></td><td></td><td></td><td></td></tr>
<tr><td>方案 2</td><td></td><td></td><td></td><td></td><td></td></tr>
<tr><td>方案 3</td><td></td><td></td><td></td><td></td><td></td></tr>
<tr><td rowspan="3">决策评价</td><td>班级</td><td></td><td>第（　　）组</td><td>组长签字</td><td></td></tr>
<tr><td>教师签字</td><td></td><td>日期</td><td colspan="2"></td></tr>
<tr><td colspan="5">评语：</td></tr>
</table>

### 2.1.4.4　确定选用方案环节实施单

| 学习场 | 金　工　实　训 | | |
| --- | --- | --- | --- |
| 学习情境 2 | 台钻床临时用电 | 本环节学时 | 30 分钟 |
| 典型工作过程描述 | 用电安全规范—分析用电技术要求—勘察现场用电环境—确定选用方案—实施现场用电 | | |

| 序号 | 实施步骤 | 工作内容及方法 | 注意事项 |
| --- | --- | --- | --- |
| 1 | 查询有关标准 | | |
| 2 | 编写方案 | | |
| 3 | 提交方案 | | |
| 4 | 小组讨论 | | |
| 5 | 确定方案 | | |

实施说明：

| | | | | | |
| --- | --- | --- | --- | --- | --- |
| 实施评价 | 班级 | | 第（　　）组 | 组长签字 | |
| | 教师签字 | | 日期 | | |
| | 评语： | | | | |

### 2.1.4.5 确定选用方案环节检查单

<table>
<tr><td colspan="2">学习场</td><td colspan="4">金　工　实　训</td></tr>
<tr><td colspan="2">学习情境 2</td><td colspan="2">台钻床临时用电</td><td>本环节学时</td><td>6 分钟</td></tr>
<tr><td colspan="2">典型工作过程描述</td><td colspan="4">用电安全规范—分析用电技术要求—勘察现场用电环境—确定选用方案—实施现场用电</td></tr>
<tr><td>序号</td><td>检查项目</td><td colspan="2">检 查 标 准</td><td>学生自查</td><td>教师检查</td></tr>
<tr><td>1</td><td>资讯环节</td><td colspan="2">获得施工现场确定选用台钻床方案的有关信息的来源是否符合国家电力行业的标准。</td><td></td><td></td></tr>
<tr><td>2</td><td>计划环节</td><td colspan="2">制定施工现场确定选用台钻床方案步骤的各个方案。</td><td></td><td></td></tr>
<tr><td>3</td><td>决策环节</td><td colspan="2">对各种施工现场确定选用台钻床方案的方案衡量对比评分，获取最佳方案。</td><td></td><td></td></tr>
<tr><td>4</td><td>实施环节</td><td colspan="2">施工现场确定选用台钻床方案过程中各个环节按照标准执行，贯彻落实“四不伤害”。</td><td></td><td></td></tr>
<tr><td>5</td><td>检查环节</td><td colspan="2">各个环节逐一检查，是否有爱岗敬业的主题思想。</td><td></td><td></td></tr>
<tr><td colspan="2" rowspan="3">检查评价</td><td>班级</td><td></td><td>第（　　）组</td><td>组长签字</td></tr>
<tr><td>教师签字</td><td></td><td>日期</td><td></td></tr>
<tr><td colspan="4">评语：</td></tr>
</table>

## 2.1.5 实施现场用电

### 2.1.5.1 实施现场用电环节资讯单

<table>
<tr><td>学习场</td><td colspan="3">金 工 实 训</td></tr>
<tr><td>学习情境 2</td><td>台钻床临时用电</td><td>本环节学时</td><td>6 分钟</td></tr>
<tr><td>典型工作过程描述</td><td colspan="3">用电安全规范—分析用电技术要求—勘察现场用电环境—确定选用方案—实施现场用电</td></tr>
<tr><td>搜集资讯的方式</td><td colspan="3">教师的讲解、互联网查询或者同学间交流</td></tr>
<tr><td>资讯描述</td><td colspan="3">查看教师提供的资料，获取台钻床施工现场用电的有关信息，便于安全有效地完成任务，如图 2.1.5 所示。<br><br>图 2.1.5 现场用电</td></tr>
<tr><td>对学生的要求</td><td colspan="3">课前充分预习实训作业单，充分利用网络查找有关实训的学习资料，实训过程中穿着实训服装，贯彻落实自己不伤害自己、自己不伤害他人、自己不被他人伤害、保护他人不被伤害的“四不伤害”安全要求，注意严格遵守实训室的各项规章制度。</td></tr>
<tr><td>参考资料</td><td colspan="3">参考《电力安全工作规程（发电厂和变电站电气部分）》（GB 26860—2011）和《施工现场临时用电安全技术规范》（JGJ 46—2005）。</td></tr>
</table>

## 2.1.5.2　实施现场用电环节计划单

<table>
<tr><td colspan="2">学习场</td><td colspan="4">金　工　实　训</td></tr>
<tr><td colspan="2">学习情境 2</td><td colspan="2">台钻床临时用电</td><td>本环节学时</td><td>6 分钟</td></tr>
<tr><td colspan="2">典型工作过程描述</td><td colspan="4">用电安全规范—分析用电技术要求—勘察现场用电环境—确定选用方案—实施现场用电</td></tr>
<tr><td colspan="2">计划制订的方式</td><td colspan="4">同学之间小组讨论</td></tr>
<tr><td>序号</td><td>工 作 步 骤</td><td colspan="2">工 作 内 容</td><td colspan="2">注意事项</td></tr>
<tr><td>1</td><td>作业前准备，落实现场安全措施</td><td colspan="2">检查工作人员的精神状态；办理工作许可手续；工作负责人进行现场安全交底，向工作人员指明工作任务、工作范围、带电部位及安全措施情况。</td><td colspan="2"></td></tr>
<tr><td>2</td><td>停电</td><td colspan="2"></td><td colspan="2"></td></tr>
<tr><td>3</td><td>验电</td><td colspan="2"></td><td colspan="2"></td></tr>
<tr><td>4</td><td>安装设备、接线</td><td colspan="2"></td><td colspan="2"></td></tr>
<tr><td>5</td><td>送电</td><td colspan="2"></td><td colspan="2"></td></tr>
<tr><td>6</td><td>钻床的操作</td><td colspan="2"></td><td colspan="2"></td></tr>
<tr><td colspan="2" rowspan="3">计划评价</td><td>班级</td><td></td><td>第（　　）组</td><td>组长签字</td></tr>
<tr><td>教师签字</td><td></td><td>日期</td><td></td></tr>
<tr><td colspan="4">评语：</td></tr>
</table>

### 2.1.5.3　实施现场用电环节决策单

<table>
<tr><td>学习场</td><td colspan="6">金　工　实　训</td></tr>
<tr><td>学习情境 2</td><td colspan="4">台钻床临时用电</td><td>本环节学时</td><td>6 分钟</td></tr>
<tr><td>典型工作过程描述</td><td colspan="6">用电安全规范—分析用电技术要求—勘察现场用电环境—确定选用方案—实施现场用电</td></tr>
<tr><td colspan="7">计　划　对　比</td></tr>
<tr><td>序号</td><td>计划的可行性</td><td>计划的经济性</td><td>计划的可操作性</td><td>计划的实施难度</td><td colspan="2">综合评价</td></tr>
<tr><td>方案 1</td><td></td><td></td><td></td><td></td><td colspan="2"></td></tr>
<tr><td>方案 2</td><td></td><td></td><td></td><td></td><td colspan="2"></td></tr>
<tr><td>方案 3</td><td></td><td></td><td></td><td></td><td colspan="2"></td></tr>
<tr><td rowspan="3">决策评价</td><td>班级</td><td></td><td>第（　　）组</td><td>组长签字</td><td colspan="2"></td></tr>
<tr><td>教师签字</td><td></td><td>日期</td><td colspan="3"></td></tr>
<tr><td colspan="6">评语：</td></tr>
</table>

### 2.1.5.4　实施现场用电环节实施单

<table>
<tr><td>学习场</td><td colspan="5">金　工　实　训</td></tr>
<tr><td>学习情境 2</td><td colspan="3">台钻床临时用电</td><td>本环节学时</td><td>40 分钟</td></tr>
<tr><td>典型工作过程描述</td><td colspan="5">用电安全规范—分析用电技术要求—勘察现场用电环境—确定选用方案—实施现场用电</td></tr>
<tr><td>序号</td><td>实施步骤</td><td colspan="2">工作内容及方法</td><td colspan="2">注意事项</td></tr>
<tr><td>1</td><td>作业前准备，落实现场安全措施</td><td colspan="2">检查工作人员的精神状态；办理工作许可手续；工作负责人进行现场安全交底，向工作人员指明工作任务、工作范围、带电部位及安全措施情况。</td><td colspan="2"></td></tr>
<tr><td>2</td><td>停电</td><td colspan="2">执行一人操作一人监护的制度，操作者戴上安全帽、戴好绝缘手套把电源开关拉下。</td><td colspan="2"></td></tr>
<tr><td>3</td><td>验电</td><td colspan="2"></td><td colspan="2"></td></tr>
<tr><td>4</td><td>安装设备、接线</td><td colspan="2"></td><td colspan="2"></td></tr>
<tr><td>5</td><td>送电</td><td colspan="2"></td><td colspan="2"></td></tr>
<tr><td>6</td><td>钻床的操作</td><td colspan="2"></td><td colspan="2"></td></tr>
<tr><td colspan="6">实施说明：</td></tr>
</table>

<table>
<tr><td rowspan="3">实施评价</td><td>班级</td><td></td><td>第（　　）组</td><td>组长签字</td><td></td></tr>
<tr><td>教师签字</td><td></td><td>日期</td><td colspan="2"></td></tr>
<tr><td colspan="5">评语：</td></tr>
</table>

### 2.1.5.5 实施现场用电环节检查单

<table>
<tr><td colspan="2">学习场</td><td colspan="5">金 工 实 训</td></tr>
<tr><td colspan="2">学习情境 2</td><td colspan="2">台钻床临时用电</td><td colspan="2">本环节学时</td><td>6 分钟</td></tr>
<tr><td colspan="2">典型工作过程描述</td><td colspan="5">用电安全规范—分析用电技术要求—勘察现场用电环境—确定选用方案—实施现场用电</td></tr>
<tr><td>序号</td><td>检查项目</td><td colspan="3">检 查 标 准</td><td>学生自查</td><td>教师检查</td></tr>
<tr><td>1</td><td>资讯环节</td><td colspan="3">获得台钻床施工现场用电的有关信息的来源是否符合国家电力行业的标准。</td><td></td><td></td></tr>
<tr><td>2</td><td>计划环节</td><td colspan="3">制定台钻床施工现场用电步骤的各个方案。</td><td></td><td></td></tr>
<tr><td>3</td><td>决策环节</td><td colspan="3">对各种下料的方案衡量对比评分，获取最佳方案。</td><td></td><td></td></tr>
<tr><td>4</td><td>实施环节</td><td colspan="3">台钻床施工现场用电过程中各个环节按照标准执行，贯彻落实“四不伤害”。</td><td></td><td></td></tr>
<tr><td>5</td><td>检查环节</td><td colspan="3">各个环节逐一检查，是否有爱岗敬业的主题思想。</td><td></td><td></td></tr>
<tr><td colspan="2" rowspan="3">检查评价</td><td>班级</td><td></td><td>第（ ）组</td><td>组长签字</td><td></td></tr>
<tr><td>教师签字</td><td></td><td>日期</td><td colspan="2"></td></tr>
<tr><td colspan="5">评语：</td></tr>
</table>

学习情境 2-28

## 2.2　台钻床临时用电学习情境材料工具清单

<table>
<tr><td>学习场</td><td colspan="5">金　工　实　训</td></tr>
<tr><td>学习情境 2</td><td colspan="3">台钻床临时用电</td><td>本环节学时</td><td>300 分钟</td></tr>
<tr><td>典型工作过程描述</td><td colspan="5">用电安全规范—分析用电技术要求—勘察现场用电环境—确定选用方案—实施现场用电</td></tr>
</table>

| 序号 | 名称 | 作用 | 数量 | 型号 | 使用者 |
|---|---|---|---|---|---|
| | | | | | |
| | | | | | |
| | | | | | |
| | | | | | |
| | | | | | |
| | | | | | |
| | | | | | |
| | | | | | |
| | | | | | |
| | | | | | |
| | | | | | |
| | | | | | |
| | | | | | |
| | | | | | |
| | | | | | |
| | | | | | |
| | | | | | |
| | | | | | |
| | | | | | |

| | | | | | |
|---|---|---|---|---|---|
| 班级 | | 第（　　）组 | 组长签字 | | |
| 教师签字 | | 日期 | | | |

## 2.3　台钻床临时用电学习情境教学反馈单

<table>
<tr><td>学习场</td><td colspan="6">金　工　实　训</td></tr>
<tr><td>学习情境 2</td><td colspan="4">台钻床临时用电</td><td>本环节学时</td><td>300 分钟</td></tr>
<tr><td>典型工作过程描述</td><td colspan="6">用电安全规范—分析用电技术要求—勘察现场用电环境—确定选用方案—实施现场用电</td></tr>
<tr><td rowspan="6">调查项目</td><td>序号</td><td colspan="3">调 查 内 容</td><td colspan="2">理 由 描 述</td></tr>
<tr><td></td><td colspan="3"></td><td colspan="2"></td></tr>
<tr><td></td><td colspan="3"></td><td colspan="2"></td></tr>
<tr><td></td><td colspan="3"></td><td colspan="2"></td></tr>
<tr><td></td><td colspan="3"></td><td colspan="2"></td></tr>
<tr><td></td><td colspan="3"></td><td colspan="2"></td></tr>
<tr><td colspan="7">您对本次课程教学的改进意见：</td></tr>
<tr><td>调查信息</td><td>被调查人姓名</td><td colspan="2"></td><td>调查日期</td><td colspan="2"></td></tr>
</table>

学习情境 2-30

## 2.4　台钻床临时用电学习情境分组单

<table>
<tr><td>学习场</td><td colspan="6">金　工　实　训</td></tr>
<tr><td>学习情境 2</td><td colspan="3">台钻床临时用电</td><td colspan="2">本环节学时</td><td>300 分钟</td></tr>
<tr><td>典型工作过程描述</td><td colspan="6">用电安全规范—分析用电技术要求—勘察现场用电环境—确定选用方案—实施现场用电</td></tr>
<tr><td rowspan="18">分组情况</td><td>组别</td><td>组长</td><td colspan="4">组　员</td></tr>
<tr><td></td><td></td><td></td><td></td><td></td><td></td></tr>
<tr><td></td><td></td><td></td><td></td><td></td><td></td></tr>
<tr><td></td><td></td><td></td><td></td><td></td><td></td></tr>
<tr><td></td><td></td><td></td><td></td><td></td><td></td></tr>
<tr><td></td><td></td><td></td><td></td><td></td><td></td></tr>
<tr><td></td><td></td><td></td><td></td><td></td><td></td></tr>
<tr><td></td><td></td><td></td><td></td><td></td><td></td></tr>
<tr><td></td><td></td><td></td><td></td><td></td><td></td></tr>
<tr><td></td><td></td><td></td><td></td><td></td><td></td></tr>
<tr><td></td><td></td><td></td><td></td><td></td><td></td></tr>
<tr><td></td><td></td><td></td><td></td><td></td><td></td></tr>
<tr><td></td><td></td><td></td><td></td><td></td><td></td></tr>
<tr><td></td><td></td><td></td><td></td><td></td><td></td></tr>
<tr><td></td><td></td><td></td><td></td><td></td><td></td></tr>
<tr><td></td><td></td><td></td><td></td><td></td><td></td></tr>
<tr><td></td><td></td><td></td><td></td><td></td><td></td></tr>
<tr><td></td><td></td><td></td><td></td><td></td><td></td></tr>
<tr><td colspan="7">分组说明：</td></tr>
<tr><td>班级</td><td></td><td>教师签字</td><td></td><td>日期</td><td colspan="2"></td></tr>
</table>

学习情境 2-31

## 2.5 台钻床临时用电学习情境评价单

<table>
<tr><td>学习场</td><td colspan="7">金 工 实 训</td></tr>
<tr><td>学习情境 2</td><td colspan="4">台钻床临时用电</td><td colspan="2">本环节学时</td><td>20 分钟</td></tr>
<tr><td>典型工作过程描述</td><td colspan="7">用电安全规范—分析用电技术要求—勘察现场用电环境—确定选用方案—实施现场用电</td></tr>
<tr><td>评价项目</td><td colspan="3">评 价 子 项 目</td><td colspan="2">学生自评<br>20%</td><td>组内评价<br>30%</td><td>教师评价<br>50%</td></tr>
<tr><td>用电安全规范<br>典型工作环节</td><td colspan="3">1. 资讯 10 分；2. 计划 10 分；3. 决策 10 分；4. 实施 40 分；5. 检查 10 分；6. 工作态度 20 分。</td><td colspan="2"></td><td></td><td></td></tr>
<tr><td>分析用电技术要求<br>典型工作环节</td><td colspan="3">1. 资讯 10 分；2. 计划 10 分；3. 决策 10 分；4. 实施 40 分；5. 检查 10 分；6. 工作态度 20 分。</td><td colspan="2"></td><td></td><td></td></tr>
<tr><td>勘察现场用电环境<br>典型工作环节</td><td colspan="3">1. 资讯 10 分；2. 计划 10 分；3. 决策 10 分；4. 实施 40 分；5. 检查 10 分；6. 工作态度 20 分。</td><td colspan="2"></td><td></td><td></td></tr>
<tr><td>确定选用方案<br>典型工作环节</td><td colspan="3">1. 资讯 10 分；2. 计划 10 分；3. 决策 10 分；4. 实施 40 分；5. 检查 10 分；6. 工作态度 20 分。</td><td colspan="2"></td><td></td><td></td></tr>
<tr><td>实施现场用电<br>典型工作环节</td><td colspan="3">1. 资讯 10 分；2. 计划 10 分；3. 决策 10 分；4. 实施 40 分；5. 检查 10 分；6. 工作态度 20 分。</td><td colspan="2"></td><td></td><td></td></tr>
<tr><td>最终结果</td><td colspan="3">1. 资讯 10 分；2. 计划 10 分；3. 决策 10 分；4. 实施 40 分；5. 检查 10 分；6. 工作态度 20 分。</td><td colspan="2"></td><td></td><td></td></tr>
<tr><td rowspan="3">评价</td><td>班级</td><td></td><td colspan="2">第（ ）组</td><td colspan="2">组长签字</td><td></td></tr>
<tr><td>教师签字</td><td></td><td colspan="2">日期</td><td colspan="3"></td></tr>
<tr><td colspan="7">评语：</td></tr>
</table>

学习情境 2-32

## 2.6　教师实施计划单

| 学习场 | 金　工　实　训 | | | | | |
|---|---|---|---|---|---|---|
| 学习情境 2 | 台钻床临时用电 | | | 学时 | 300 分钟 | |
| 典型工作过程描述 | 用电安全规范—分析用电技术要求—勘察现场用电环境—确定选用方案—实施现场用电 | | | | | |
| 序号 | 工作与学习步骤 | 学时 | 使用工具 | 地点 | 方式 | 备注 |
| | | | | | | |
| | | | | | | |
| | | | | | | |
| | | | | | | |
| | | | | | | |
| | | | | | | |
| | | | | | | |
| | | | | | | |
| | | | | | | |
| | | | | | | |
| 班级 | | 教师签字 | | 日期 | | |

# 学习情境 3

# 变压器低压套管线夹 M10 六角螺母的加工

## 3.0 学习性工作任务单

<table>
<tr><td>学习场</td><td colspan="6">金　工　实　训</td></tr>
<tr><td>学习情境 3</td><td colspan="3">变压器低压套管线夹 M10 六角螺母的加工</td><td colspan="2">总学时</td><td>540 分钟</td></tr>
<tr><td>典型工作过程描述</td><td colspan="6">下料—锯割—锉端面—划端面正六边形—锉正六棱面—钻孔—攻螺纹—倒角</td></tr>
<tr><td>学习目标</td><td colspan="6">1. 能正确使用常用工具、量具和独立完成简单零件加工。<br>2. 能够独立完成含有划线、锯割、锉削的工件加工。<br>3. 能安全规范操作台钻。</td></tr>
<tr><td>任务描述</td><td colspan="6">把一块 $\phi$25mm 的圆钢经过下料—锉端面 A—锯割—锉端面 B—划端面正六边形—锉正六棱面—钻孔—攻螺纹—倒角—修整，得到一个 M10 六角螺母，其中 $m=8.4$mm，$S=16$mm，$e$=17.77mm，如图 3.0.1 所示。<br>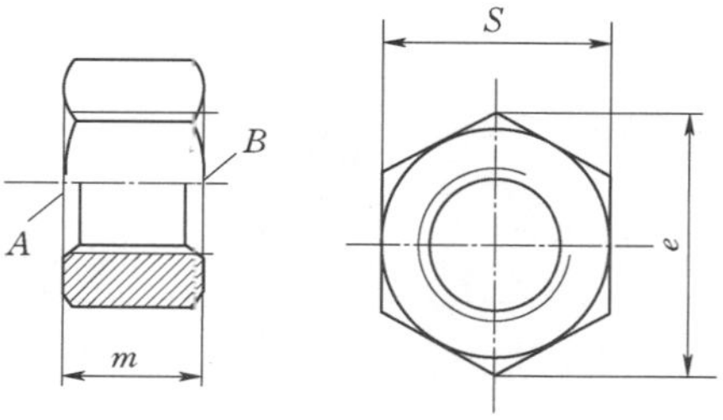<br><br>(a) 棱面　　(b) 端面<br>图 3.0.1　六角螺母</td></tr>
<tr><td>学时安排</td><td>资讯<br>50 分钟</td><td>计划<br>50 分钟</td><td>决策<br>50 分钟</td><td>实施<br>320 分钟</td><td>检查<br>50 分钟</td><td>评价<br>20 分钟</td></tr>
<tr><td>对学生的要求</td><td colspan="6">课前充分预习实训作业单，充分利用网络查找有关实训的学习资料，实训过程中穿着实训服装，贯彻落实自己不伤害自己、自己不伤害他人、自己不被他人伤害、保护他人不被伤害的“四不伤害”安全要求，注意严格遵守实训室的各项规章制度。</td></tr>
<tr><td>参考资料</td><td colspan="6">参考《施工现场临时用电安全技术规范》（JGJ 46—2005）和《1 型六角螺母》（GB/T 6170—2015）。</td></tr>
</table>



不经历风雨，怎么见彩虹。苦练千百次，操作如有神。

## 3.1 教学引导文

| 学习场 | 金工实训 | 学习情境3 | 变压器低压套管线夹M10六角螺母的加工 | 参照系 | 《1型六角螺母》(GB/T 6170—2015) | |
|---|---|---|---|---|---|---|
| 普适性工作过程<br>典型工作过程 | 资讯 | 计划 | 决策 | 实施 | 检查 | 评价 |
| 下料 | 查看《1型六角螺母》(GB/T 6170—2015),获取M10六角螺母的有关信息,便于安全有效地完成任务。 | 通过同学之间小组讨论,拟订用电安全规范计划,完成3.1.1.2下料环节计划单。 | 计划的可行性、经济性、可操作性和实施难度几方面综合分析,选取最佳方案。 | 查找其他有关资料,完成3.1.1.4下料环节实施单。 | 按照3.1.1.5下料环节检查单的检查项目和标准,进行学生自查和教师检查。 | 根据评价项目配置分值,进行自评、互评和教师评价,完成3.5变压器低压套管线夹M10六角螺母的加工学习情境评价单。 |
| 锯割 | 查看《1型六角螺母》(GB/T 6170—2015),获取M10六角螺母的有关信息,便于安全有效地完成任务。 | 通过同学之间小组讨论,拟订用电安全规范计划,完成3.1.2.2锯割环节计划单。 | 计划的可行性、经济性、可操作性和实施难度几方面综合分析,选取最佳方案。 | 查找有关资料,完成3.1.2.4锯割环节实施单。 | 按照3.1.2.5锯割环节检查单的检查项目和标准,进行学生自查和教师检查。 | 根据评价项目配置分值,进行自评、互评和教师评价,完成3.5变压器低压套管线夹M10六角螺母的加工学习情境评价单。 |
| 锉端面 | 查看《1型六角螺母》(GB/T 6170—2015),获取M10六角螺母的有关信息,便于安全有效地完成任务。 | 通过同学之间小组讨论,拟订用电安全规范计划,完成3.1.3.2锉端面环节计划单。 | 计划的可行性、经济性、可操作性和实施难度几方面综合分析,选取最佳方案。 | 查找有关资料,完成3.1.3.4锉端面环节实施单。 | 按照3.1.3.5锉端面环节检查单的检查项目和标准,进行学生自查和教师检查。 | 根据评价项目配置分值,进行自评、互评和教师评价,完成3.5变压器低压套管线夹M10六角螺母的加工学习情境评价单。 |

续表

| 学习场 | 金工实训 | 学习情境 3 | 变压器低压套管线夹 M10 六角螺母的加工 | 参照系 | 《1 型六角螺母》(GB/T 6170—2015) | |
|---|---|---|---|---|---|---|
| 普适性工作过程<br>典型工作过程 | 资讯 | 计划 | 决策 | 实施 | 检查 | 评价 |
| 划端面正六边形 | 查看《1 型六角螺母》(GB/T 6170—2015),获取 M10 六角螺母的有关信息,便于安全有效地完成任务。 | 通过同学之间小组讨论,拟订用电安全规范计划,完成 3.1.4.2 划端面正六边形环节计划单。 | 计划的可行性、经济性、可操作性和实施难度几方面综合分析,选取最佳方案。 | 查找有关资料,完成 3.1.4.4 划端面正六边形环节实施单。 | 按照 3.1.4.5 划端面正六边形环节检查单的检查项目和标准,进行学生自查和教师检查。 | 根据评价项目配置分值,进行自评、互评和教师评价,完成 3.5 变压器低压套管线夹 M10 六角螺母的加工学习情境评价单。 |
| 锉正六棱面 | 查看《1 型六角螺母》(GB/T 6170—2015),获取 M10 六角螺母的有关信息,便于安全有效地完成任务。 | 通过同学之间小组讨论,拟订用电安全规范计划,完成 3.1.5.2 锉正六棱面环节计划单。 | 计划的可行性、经济性、可操作性和实施难度几方面综合分析,选取最佳方案。 | 查找有关资料,完成 3.1.5.4 锉正六棱面环节实施单。 | 按照 3.1.5.5 锉正六棱面环节检查单的检查项目和标准,进行学生自查和教师检查。 | 根据评价项目配置分值,进行自评、互评和教师评价,完成 3.5 变压器低压套管线夹 M10 六角螺母的加工学习情境评价单。 |
| 钻孔 | 查看《1 型六角螺母》(GB/T 6170—2015),获取 M10 六角螺母的有关信息,便于安全有效地完成任务。 | 通过同学之间小组讨论,拟订用电安全规范计划,完成 3.1.6.2 钻孔环节计划单。 | 计划的可行性、经济性、可操作性和实施难度几方面综合分析,选取最佳方案。 | 查找有关资料,完成 3.1.6.4 钻孔环节实施单。 | 按照 3.1.6.5 钻孔环节检查单的检查项目和标准,进行学生自查和教师检查。 | 根据评价项目配置分值,进行自评、互评和教师评价,完成 3.5 变压器低压套管线夹 M10 六角螺母的加工学习情境评价单。 |

续表

| 学习场 | 金工实训 | 学习情境3 | 变压器低压套管线夹M10六角螺母的加工 | 参照系 | 《1型六角螺母》(GB/T 6170—2015) | |
|---|---|---|---|---|---|---|
| 普适性工作过程 / 典型工作过程 | 资讯 | 计划 | 决策 | 实施 | 检查 | 评价 |
| 攻螺纹 | 查看《1型六角螺母》(GB/T 6170—2015),获取M10六角螺母的有关信息,便于安全有效地完成任务。 | 通过同学之间小组讨论,拟订用电安全规范计划,完成3.1.7.2攻螺纹环节计划单。 | 计划的可行性、经济性、可操作性和实施难度几方面综合分析,选取最佳方案。 | 查找有关资料,完成3.1.7.4攻螺纹环节实施单。 | 按照3.1.7.5攻螺纹环节检查单的检查项目和标准,进行学生自查和教师检查。 | 根据评价项目配置分值,进行自评、互评和教师评价,完成3.5变压器低压套管线夹M10六角螺母的加工学习情境评价单。 |
| 倒角 | 查看《1型六角螺母》(GB/T 6170—2015),获取M10六角螺母的有关信息,便于安全有效地完成任务。 | 通过同学之间小组讨论,拟订用电安全规范计划,完成3.1.8.2倒角环节计划单。 | 计划的可行性、经济性、可操作性和实施难度几方面综合分析,选取最佳方案。 | 查找有关资料,完成3.1.8.4倒角环节实施单。 | 按照3.1.8.5倒角环节检查单的检查项目和标准,进行学生自查和教师检查。 | 根据评价项目配置分值,进行自评、互评和教师评价,完成3.5变压器低压套管线夹M10六角螺母的加工学习情境评价单。 |

## 3.1.1　下料

### 3.1.1.1　下料环节资讯单

| 学习场 | 金　工　实　训 | | |
|---|---|---|---|
| 学习情境 3 | 变压器低压套管线夹 M10 六角螺母的加工 | 本环节学时 | 6 分钟 |
| 典型工作过程描述 | 下料—锯割—锉端面—划端面正六边形—锉正六棱面—钻孔—攻螺纹—倒角 | | |
| 搜集资讯的方式 | 教师的讲解、互联网查询或者同学间交流 | | |
| 资讯描述 | 查看教师提供的资料，获取 M10 六角螺母制作下料的有关信息，便于安全有效地完成任务，如图 3.1.1 所示。<br><br>图 3.1.1　线夹的 M10 六角螺母 | | |
| 对学生的要求 | 课前充分预习实训作业单，充分利用网络查找有关实训的学习资料，实训过程中穿着实训服装，贯彻落实自己不伤害自己、自己不伤害他人、自己不被他人伤害、保护他人不被伤害的“四不伤害”安全要求，注意严格遵守实训室的各项规章制度。 | | |
| 参考资料 | 参考《施工现场临时用电安全技术规范》（JGJ 46—2005）和《1 型六角螺母》（GB/T 6170—2015）。 | | |

### 3.1.1.2 下料环节计划单

<table>
<tr><td colspan="2">学习场</td><td colspan="5">金 工 实 训</td></tr>
<tr><td colspan="2">学习情境3</td><td colspan="2">变压器低压套管线夹M10六角螺母的加工</td><td colspan="2">本环节学时</td><td>6分钟</td></tr>
<tr><td colspan="2">典型工作过程描述</td><td colspan="5">下料—锯割—锉端面—划端面正六边形—锉正六棱面—钻孔—攻螺纹—倒角</td></tr>
<tr><td colspan="2">计划制订的方式</td><td colspan="5">同学之间小组讨论</td></tr>
<tr><td>序号</td><td>工 作 步 骤</td><td colspan="5">注 意 事 项</td></tr>
<tr><td>1</td><td>工作前准备</td><td colspan="5"></td></tr>
<tr><td>2</td><td>开班前会，布置任务</td><td colspan="5"></td></tr>
<tr><td>3</td><td>安全操作</td><td colspan="5"></td></tr>
<tr><td>4</td><td>验收产品</td><td colspan="5"></td></tr>
<tr><td colspan="2" rowspan="3">计划评价</td><td>班级</td><td></td><td>第（ ）组</td><td>组长签字</td><td></td></tr>
<tr><td>教师签字</td><td></td><td>日期</td><td colspan="2"></td></tr>
<tr><td colspan="5">评语：</td></tr>
</table>

学习情境3-6

### 3.1.1.3　下料环节决策单

<table>
<tr><td>学习场</td><td colspan="5">金　工　实　训</td></tr>
<tr><td>学习情境 3</td><td colspan="3">变压器低压套管线夹 M10 六角螺母的加工</td><td>本环节学时</td><td>6 分钟</td></tr>
<tr><td>典型工作过程描述</td><td colspan="5">下料—锯割—锉端面—划端面正六边形—锉正六棱面—钻孔—攻螺纹—倒角</td></tr>
<tr><td colspan="6">计　划　对　比</td></tr>
<tr><td>序号</td><td>计划的可行性</td><td>计划的经济性</td><td>计划的可操作性</td><td>计划的实施难度</td><td>综合评价</td></tr>
<tr><td>方案 1</td><td></td><td></td><td></td><td></td><td></td></tr>
<tr><td>方案 2</td><td></td><td></td><td></td><td></td><td></td></tr>
<tr><td>方案 3</td><td></td><td></td><td></td><td></td><td></td></tr>
<tr><td rowspan="3">决策评价</td><td>班级</td><td></td><td>第（　　）组</td><td>组长签字</td><td></td></tr>
<tr><td>教师签字</td><td></td><td>日期</td><td colspan="2"></td></tr>
<tr><td colspan="5">评语：</td></tr>
</table>

### 3.1.1.4　下料环节实施单

| 学习场 | 金　工　实　训 | | |
|---|---|---|---|
| 学习情境3 | 变压器低压套管线夹M10六角螺母的加工 | 本环节学时 | 30分钟 |
| 典型工作过程描述 | 下料—锯割—锉端面—划端面正六边形—锉正六棱面—钻孔—攻螺纹—倒角 | | |

| 序号 | 实施步骤 | 工作内容及方法 | 工艺质量要求 | 注意事项 |
|---|---|---|---|---|
| 1 | 工作前准备 | | | |
| 2 | 开班前会，布置任务 | | | |
| 3 | 安全操作 | 利用直尺或者游标卡尺检查来料尺寸——$\phi$25mm圆钢。 | $\phi$25mm圆钢的长度大于10mm且小于15mm端面饱满无缺陷。 | 铁屑伤害和锋利物伤害。 |
| 4 | 验收产品 | | | |

实施说明：

| 实施评价 | | | | | |
|---|---|---|---|---|---|
| | 班级 | | 第（　　）组 | 组长签字 | |
| | 教师签字 | | 日期 | | |
| | 评语： | | | | |

### 3.1.1.5　下料环节检查单

| 学习场 | 金　工　实　训 | | | |
|---|---|---|---|---|
| 学习情境 3 | 变压器低压套管线夹 M10 六角螺母的加工 | | 本环节学时 | 6 分钟 |
| 典型工作过程描述 | 下料—锯割—锉端面—划端面正六边形—锉正六棱面—钻孔—攻螺纹—倒角 | | | |
| 序号 | 检查项目 | 检 查 标 准 | 学生自查 | 教师检查 |
| 1 | 下料资讯环节 | 获得 M10 六角螺母下料的有关信息的来源。 | | |
| 2 | 下料计划环节 | 制定下料步骤的各个方案。 | | |
| 3 | 下料决策环节 | 对各种下料的方案衡量对比评分，获取最佳方案。 | | |
| 4 | 下料实施环节 | 下料过程中各个环节按照标准执行，贯彻落实“四不伤害”。 | | |
| 5 | 下料检查环节 | 各个环节逐一检查，是否有爱岗敬业的思想。 | | |

| 检查评价 | 班级 | | 第（　　）组 | 组长签字 | |
|---|---|---|---|---|---|
| | 教师签字 | | 日期 | | |
| | 评语： | | | | |

## 3.1.2　锯割

### 3.1.2.1　锯割环节资讯单

| 学习场 | 金　工　实　训 | | |
|---|---|---|---|
| 学习情境 3 | 变压器低压套管线夹 M10 六角螺母的加工 | 本环节学时 | 6 分钟 |
| 典型工作过程描述 | 下料—锯割—锉端面—划端面正六边形—锉正六棱面—钻孔—攻螺纹—倒角 | | |
| 搜集资讯的方式 | 教师的讲解、互联网查询或者同学间交流 | | |
| 资讯描述 | 查看教师提供的资料，获取锯割环节的有关信息，便于安全有效地完成任务，如图 3.1.2 所示。<br><br>图 3.1.2　现场锯割 | | |
| 对学生的要求 | 课前充分预习实训作业单，充分利用网络查找有关实训的学习资料，实训过程中穿着实训服装，贯彻落实自己不伤害自己、自己不伤害他人、自己不被他人伤害、保护他人不被伤害的“四不伤害”安全要求，注意严格遵守实训室的各项规章制度。 | | |
| 参考资料 | 参考《1 型六角螺母》(GB/T 6170—2015)。<br>锯割的操作 | | |

### 3.1.2.2　锯割环节计划单

<table>
<tr><td>学习场</td><td colspan="5">金　工　实　训</td></tr>
<tr><td>学习情境 3</td><td colspan="3">变压器低压套管线夹 M10 六角螺母的加工</td><td>本环节学时</td><td>6 分钟</td></tr>
<tr><td>典型工作过程描述</td><td colspan="5">下料—锯割—锉端面—划端面正六边形—锉正六棱面—钻孔—攻螺纹—倒角</td></tr>
<tr><td>计划制订的方式</td><td colspan="5">同学之间小组讨论</td></tr>
<tr><td>序号</td><td>工 作 步 骤</td><td colspan="4">安 全 文 明 生 产</td></tr>
<tr><td>1</td><td>检查锯弓好坏</td><td colspan="4"></td></tr>
<tr><td>2</td><td>装锯条</td><td colspan="4"></td></tr>
<tr><td>3</td><td>锯割</td><td colspan="4"></td></tr>
<tr><td>4</td><td>清理现场</td><td colspan="4"></td></tr>
<tr><td rowspan="3">计划评价</td><td>班级</td><td></td><td>第（　　）组</td><td>组长签字</td><td></td></tr>
<tr><td>教师签字</td><td></td><td>日期</td><td colspan="2"></td></tr>
<tr><td colspan="5">评语：</td></tr>
</table>

学习情境 3-11

### 3.1.2.3　锯割环节决策单

<table>
<tr><td>学习场</td><td colspan="6">金　工　实　训</td></tr>
<tr><td>学习情境3</td><td colspan="3">变压器低压套管线夹M10六角螺母的加工</td><td>本环节学时</td><td colspan="2">6分钟</td></tr>
<tr><td>典型工作过程描述</td><td colspan="6">下料—锯割—锉端面—划端面正六边形—锉正六棱面—钻孔—攻螺纹—倒角</td></tr>
<tr><td colspan="7">计　划　对　比</td></tr>
<tr><td>序号</td><td>计划的可行性</td><td>计划的经济性</td><td colspan="2">计划的可操作性</td><td>计划的实施难度</td><td>综合评价</td></tr>
<tr><td>方案1</td><td></td><td></td><td colspan="2"></td><td></td><td></td></tr>
<tr><td>方案2</td><td></td><td></td><td colspan="2"></td><td></td><td></td></tr>
<tr><td>方案3</td><td></td><td></td><td colspan="2"></td><td></td><td></td></tr>
<tr><td rowspan="3">决策评价</td><td>班级</td><td></td><td>第（　　）组</td><td>组长签字</td><td colspan="2"></td></tr>
<tr><td>教师签字</td><td></td><td>日期</td><td colspan="3"></td></tr>
<tr><td colspan="6">评语：</td></tr>
</table>

### 3.1.2.4　锯割环节实施单

| 学习场 | 金　工　实　训 | | | |
|---|---|---|---|---|
| 学习情境 3 | 变压器低压套管线夹 M10 六角螺母的加工 | | 本环节学时 | 30 分钟 |
| 典型工作过程描述 | 下料—锯割—锉端面—划端面正六边形—锉正六棱面—钻孔—攻螺纹—倒角 | | | |

| 序号 | 实施步骤 | 工作内容及方法 | 工艺质量要求 | 安全文明生产 |
|---|---|---|---|---|
| 1 | 检查锯弓好坏 | | | |
| 2 | 装锯条 | | | |
| 3 | 安全操作锯割 | 以锉平的端面 *A* [图 3.0.1 (a)] 为基准面锯下 10mm 长的钢料。 | 锯下端面 *A* [图 3.0.1 (a)] 的对面要基本平整，长度为 10mm 的钢料。 | 锯齿伤害。 |
| 4 | 清理现场 | | | |
| 实施说明： | | | | |

| 实施评价 | 班级 | | 第（　　）组 | 组长签字 | |
|---|---|---|---|---|---|
| | 教师签字 | | 日期 | | |
| | 评语： | | | | |

学习情境 3-13

### 3.1.2.5　锯割环节检查单

<table>
<tr><td>学习场</td><td colspan="5">金　工　实　训</td></tr>
<tr><td>学习情境 3</td><td colspan="2">变压器低压套管线夹 M10 六角螺母的加工</td><td>本环节学时</td><td colspan="2">6 分钟</td></tr>
<tr><td>典型工作过程描述</td><td colspan="5">下料—锯割—锉端面—划端面正六边形—锉正六棱面—钻孔—攻螺纹—倒角</td></tr>
<tr><td>序号</td><td>检 查 项 目</td><td>检 查 标 准</td><td>学生自查</td><td>教师检查</td><td></td></tr>
<tr><td>1</td><td>锯割资讯环节</td><td>获得 M10 六角螺母锯割的有关信息的来源。</td><td></td><td></td><td></td></tr>
<tr><td>2</td><td>锯割计划环节</td><td>制定锯割步骤的各个方案。</td><td></td><td></td><td></td></tr>
<tr><td>3</td><td>锯割决策环节</td><td>对各种锯割的方案衡量对比评分，获取最佳方案。</td><td></td><td></td><td></td></tr>
<tr><td>4</td><td>锯割实施环节</td><td>锯割过程中各个环节按照标准执行，贯彻落实“四不伤害”。</td><td></td><td></td><td></td></tr>
<tr><td>5</td><td>锯割检查环节</td><td>各个环节逐一检查，是否有爱岗敬业的主题思想。</td><td></td><td></td><td></td></tr>
<tr><td rowspan="3">检查评价</td><td>班级</td><td></td><td>第（　　）组</td><td>组长签字</td><td></td></tr>
<tr><td>教师签字</td><td></td><td>日期</td><td colspan="2"></td></tr>
<tr><td colspan="5">评语：</td></tr>
</table>

学习情境 3-14

## 3.1.3 锉端面

### 3.1.3.1 锉端面环节资讯单

<table>
<tr><td>学习场</td><td colspan="3">金 工 实 训</td></tr>
<tr><td>学习情境 3</td><td>变压器低压套管线夹 M10 六角螺母的加工</td><td>本环节学时</td><td>6 分钟</td></tr>
<tr><td>典型工作过程描述</td><td colspan="3">下料—锯割—锉端面—划端面正六边形—锉正六棱面—钻孔—攻螺纹—倒角</td></tr>
<tr><td>搜集资讯的方式</td><td colspan="3">教师的讲解、互联网查询或者同学间交流</td></tr>
<tr><td>资讯描述</td><td colspan="3">查看教师提供的资料，获取锉削的有关信息，便于安全有效地完成任务，如图 3.1.3 所示。<br><br>图 3.1.3　现场锉削</td></tr>
<tr><td>对学生的要求</td><td colspan="3">课前充分预习实训作业单，充分利用网络查找有关实训的学习资料，实训过程中穿着实训服装，贯彻落实自己不伤害自己、自己不伤害他人、自己不被他人伤害、保护他人不被伤害的“四不伤害”安全要求，注意严格遵守实训室的各项规章制度。</td></tr>
<tr><td>参考资料</td><td colspan="3">参考《1 型六角螺母》(GB/T 6170—2015)。<br>锉削的操作</td></tr>
</table>

### 3.1.3.2 锉端面环节计划单

<table>
<tr><td>学习场</td><td colspan="5">金 工 实 训</td></tr>
<tr><td>学习情境 3</td><td colspan="3">变压器低压套管线夹 M10 六角螺母的加工</td><td>本环节学时</td><td>6 分钟</td></tr>
<tr><td>典型工作过程描述</td><td colspan="5">下料—锯割—锉端面—划端面正六边形—锉正六棱面—钻孔—攻螺纹—倒角</td></tr>
<tr><td>计划制订的方式</td><td colspan="5">同学之间小组讨论</td></tr>
<tr><td>序号</td><td colspan="2">工 作 步 骤</td><td colspan="3">注 意 事 项</td></tr>
<tr><td>1</td><td colspan="2">工作前准备</td><td colspan="3"></td></tr>
<tr><td>2</td><td colspan="2">开班前会，布置任务</td><td colspan="3"></td></tr>
<tr><td>3</td><td colspan="2">安全操作</td><td colspan="3">铁屑伤害和锋利物伤害。</td></tr>
<tr><td>4</td><td colspan="2">漏光法检查平面是否平整</td><td colspan="3"></td></tr>
<tr><td>5</td><td colspan="2">清理现场</td><td colspan="3"></td></tr>
<tr><td rowspan="3">计划评价</td><td>班级</td><td></td><td>第（　　）组</td><td>组长签字</td><td></td></tr>
<tr><td>教师签字</td><td></td><td>日期</td><td colspan="2"></td></tr>
<tr><td colspan="5">评语：</td></tr>
</table>

### 3.1.3.3　锉端面环节决策单

<table>
<tr><td>学习场</td><td colspan="5">金　工　实　训</td></tr>
<tr><td>学习情境 3</td><td colspan="3">变压器低压套管线夹 M10 六角螺母的加工</td><td>本环节学时</td><td>6 分钟</td></tr>
<tr><td>典型工作过程描述</td><td colspan="5">下料—锯割—锉端面—划端面正六边形—锉正六棱面—钻孔—攻螺纹—倒角</td></tr>
<tr><td colspan="6">计　划　对　比</td></tr>
<tr><td>序号</td><td>计划的可行性</td><td>计划的经济性</td><td>计划的可操作性</td><td>计划的实施难度</td><td>综合评价</td></tr>
<tr><td>方案 1</td><td></td><td></td><td></td><td></td><td></td></tr>
<tr><td>方案 2</td><td></td><td></td><td></td><td></td><td></td></tr>
<tr><td>方案 3</td><td></td><td></td><td></td><td></td><td></td></tr>
<tr><td rowspan="3">决策评价</td><td>班级</td><td></td><td>第（　　）组</td><td>组长签字</td><td></td></tr>
<tr><td>教师签字</td><td></td><td>日期</td><td colspan="2"></td></tr>
<tr><td colspan="5">评语：</td></tr>
</table>

学习情境 3-17

### 3.1.3.4　锉端面环节实施单

| 学习场 | 金　工　实　训 | | | | |
|---|---|---|---|---|---|
| 学习情境 3 | 变压器低压套管线夹 M10 六角螺母的加工 | | | 本环节学时 | 60 分钟 |
| 典型工作过程描述 | 下料—锯割—锉端面—划端面正六边形—锉正六棱面—钻孔—攻螺纹—倒角 | | | | |
| 序号 | 实施步骤 | 工作内容及方法 | 工艺质量要求 | 注意事项 | |
| 1 | 工作前准备 | | | | |
| 2 | 开班前会，布置任务 | | | | |
| 3 | 安全操作 | 以端面 $A$ ［图 3.0.1（a）］为基准，粗锉、精锉相对面，达到尺寸公差、平行度和表面粗糙度的要求。 | 利用角尺进行漏光法检查端面 $B$ ［图 3.0.1（a）］粗糙度，要求两端面高度为 8.4mm。 | 锋利物伤害和铁屑伤害。 | |
| 4 | 漏光法检查平面是否平整 | | | | |
| 5 | 清理现场 | | | | |
| 实施说明： | | | | | |

| 实施评价 | 班级 | | 第（　　）组 | 组长签字 | |
|---|---|---|---|---|---|
| | 教师签字 | | 日期 | | |
| | 评语： | | | | |

学习情境 3-18

### 3.1.3.5　锉端面环节检查单

<table>
<tr><td colspan="2">学习场</td><td colspan="4">金　工　实　训</td></tr>
<tr><td colspan="2">学习情境 3</td><td colspan="2">变压器低压套管线夹 M10 六角螺母的加工</td><td>本环节学时</td><td>6 分钟</td></tr>
<tr><td colspan="2">典型工作过程描述</td><td colspan="4">下料—锯割—锉端面—划端面正六边形—锉正六棱面—钻孔—攻螺纹—倒角</td></tr>
<tr><td>序号</td><td>检查项目</td><td>检 查 标 准</td><td>学生自查</td><td colspan="2">教师检查</td></tr>
<tr><td>1</td><td>锉端面资讯环节</td><td>获得 M10 六角螺母锉削的有关信息的来源。</td><td></td><td colspan="2"></td></tr>
<tr><td>2</td><td>锉端面计划环节</td><td>制定锉削步骤的各个方案。</td><td></td><td colspan="2"></td></tr>
<tr><td>3</td><td>锉端面决策环节</td><td>对各种锉削的方案衡量对比评分，获取最佳方案。</td><td></td><td colspan="2"></td></tr>
<tr><td>4</td><td>锉端面实施环节</td><td>锉削过程中各个环节按照标准执行，贯彻落实“四不伤害”。</td><td></td><td colspan="2"></td></tr>
<tr><td>5</td><td>锉端面检查环节</td><td>各个环节逐一检查，是否有爱岗敬业的思想。</td><td></td><td colspan="2"></td></tr>
<tr><td colspan="2" rowspan="3">检查评价</td><td>班级</td><td></td><td>第（　　）组</td><td>组长签字</td></tr>
<tr><td>教师签字</td><td></td><td>日期</td><td></td></tr>
<tr><td colspan="4">评语：</td></tr>
</table>

学习情境 3-19

## 3.1.4　划端面正六边形

### 3.1.4.1　划端面正六边形环节资讯单

| 学习场 | 金　工　实　训 | | |
|---|---|---|---|
| 学习情境 3 | 变压器低压套管线夹 M10 六角螺母的加工 | 本环节学时 | 6 分钟 |
| 典型工作过程描述 | 下料—锯割—锉端面—划端面正六边形—锉正六棱面—钻孔—攻螺纹—倒角 | | |
| 搜集资讯的方式 | 教师的讲解、互联网查询或者同学间交流 | | |
| 资讯描述 | 查看教师提供的资料，获取六角螺母制作划线的有关信息，便于安全有效地完成任务，参考图 3.1.4 划线。<br>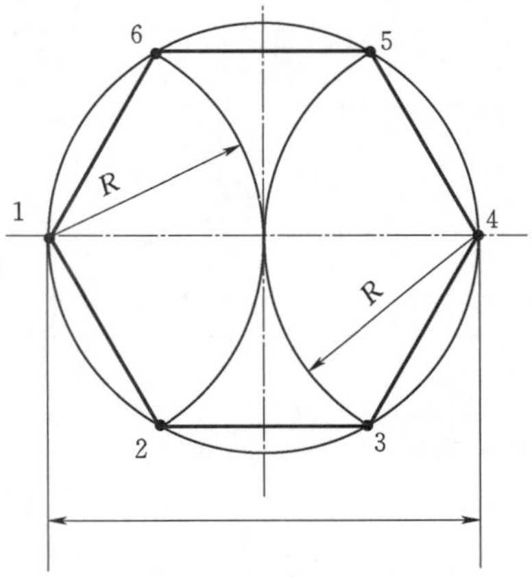<br><br>图 3.1.4　划端面正六边形 | | |
| 对学生的要求 | 课前充分预习实训作业单，充分利用网络查找有关实训的学习资料，实训过程中穿着实训服装，贯彻落实自己不伤害自己、自己不伤害他人、自己不被他人伤害、保护他人不被伤害的“四不伤害”安全要求，注意严格遵守实训室的各项规章制度。 | | |
| 参考资料 | 参考《1 型六角螺母》(GB/T 6170—2015)。 | | |

### 3.1.4.2　划端面正六边形环节计划单

<table>
<tr><td>学习场</td><td colspan="6">金　工　实　训</td></tr>
<tr><td>学习情境 3</td><td colspan="3">变压器低压套管线夹 M10 六角螺母的加工</td><td colspan="2">本环节学时</td><td>6 分钟</td></tr>
<tr><td>典型工作过程描述</td><td colspan="6">下料—锯割—锉端面—划端面正六边形—锉正六棱面—钻孔—攻螺纹—倒角</td></tr>
<tr><td>计划制订的方式</td><td colspan="6">同学之间小组讨论</td></tr>
<tr><td>序号</td><td colspan="2">工 作 步 骤</td><td colspan="4">注 意 事 项</td></tr>
<tr><td>1</td><td colspan="2">工作前准备</td><td colspan="4"></td></tr>
<tr><td>2</td><td colspan="2">开班前会，布置任务</td><td colspan="4"></td></tr>
<tr><td>3</td><td colspan="2">安全操作划线</td><td colspan="4"></td></tr>
<tr><td>4</td><td colspan="2">整理现场</td><td colspan="4"></td></tr>
<tr><td rowspan="3">计划评价</td><td>班级</td><td></td><td>第（　　）组</td><td>组长签字</td><td colspan="2"></td></tr>
<tr><td>教师签字</td><td></td><td>日期</td><td colspan="3"></td></tr>
<tr><td colspan="6">评语：</td></tr>
</table>

学习情境 3-21

### 3.1.4.3　划端面正六边形环节决策单

<table>
<tr><td>学习场</td><td colspan="6">金　工　实　训</td></tr>
<tr><td>学习情境 3</td><td colspan="3">变压器低压套管线夹 M10 六角螺母的加工</td><td colspan="2">本环节学时</td><td>6 分钟</td></tr>
<tr><td>典型工作过程描述</td><td colspan="6">下料—锯割—锉端面—划端面正六边形—锉正六棱面—钻孔—攻螺纹—倒角</td></tr>
<tr><td colspan="7">计　划　对　比</td></tr>
<tr><td colspan="2">序号</td><td>计划的可行性</td><td>计划的经济性</td><td>计划的可操作性</td><td>计划的实施难度</td><td>综合评价</td></tr>
<tr><td colspan="2">方案 1</td><td></td><td></td><td></td><td></td><td></td></tr>
<tr><td colspan="2">方案 2</td><td></td><td></td><td></td><td></td><td></td></tr>
<tr><td colspan="2">方案 3</td><td></td><td></td><td></td><td></td><td></td></tr>
<tr><td colspan="2" rowspan="3">决策评价</td><td>班级</td><td></td><td>第（　　）组</td><td>组长签字</td><td></td></tr>
<tr><td>教师签字</td><td></td><td>日期</td><td colspan="2"></td></tr>
<tr><td colspan="5">评语：</td></tr>
</table>





不经历风雨，怎么见彩虹。苦练千百次，操作如有神。

### 3.1.4.4　划端面正六边形环节实施单

<table>
<tr><td colspan="2">学习场</td><td colspan="3">金　工　实　训</td></tr>
<tr><td colspan="2">学习情境 3</td><td colspan="2">变压器低压套管线夹 M10 六角螺母的加工</td><td>本环节学时</td><td>30 分钟</td></tr>
<tr><td colspan="2">典型工作过程描述</td><td colspan="4">下料—锯割—锉端面—划端面正六边形—锉正六棱面—钻孔—攻螺纹—倒角</td></tr>
<tr><td>序号</td><td>实施步骤</td><td>工作内容及方法</td><td>工艺质量要求</td><td colspan="2">注意事项</td></tr>
<tr><td>1</td><td>工作前准备</td><td></td><td></td><td colspan="2"></td></tr>
<tr><td>2</td><td>开班前会，布置任务</td><td></td><td></td><td colspan="2"></td></tr>
<tr><td>3</td><td>安全操作划线</td><td>利用圆规、划针、样冲和卡尺划六角螺母的正六边形的加工界线。</td><td>要求正六边形对边距离为 16mm。</td><td colspan="2">锋利物伤害。</td></tr>
<tr><td>4</td><td>清理现场</td><td></td><td></td><td colspan="2"></td></tr>
<tr><td colspan="6">实施说明：</td></tr>
<tr><td rowspan="3" colspan="2">实施评价</td><td>班级</td><td></td><td>第（　　）组</td><td>组长签字</td></tr>
<tr><td>教师签字</td><td></td><td>日期</td><td></td></tr>
<tr><td colspan="4">评语：</td></tr>
</table>

### 3.1.4.5　划端面正六边形环节检查单

<table>
<tr><td>学习场</td><td colspan="4">金　工　实　训</td></tr>
<tr><td>学习情境 3</td><td colspan="2">变压器低压套管线夹 M10 六角螺母的加工</td><td>本环节学时</td><td>6 分钟</td></tr>
<tr><td>典型工作过程描述</td><td colspan="4">下料—锯割—锉端面—划端面正六边形—锉正六棱面—钻孔—攻螺纹—倒角</td></tr>
<tr><td>序号</td><td>检查项目</td><td>检 查 标 准</td><td>学生自查</td><td>教师检查</td></tr>
<tr><td>1</td><td>资讯环节</td><td>获得 M10 六角螺母制作中划线的有关信息的来源。</td><td></td><td></td></tr>
<tr><td>2</td><td>计划环节</td><td>制定划线步骤的各个方案。</td><td></td><td></td></tr>
<tr><td>3</td><td>决策环节</td><td>对各种划线的方案衡量对比评分，获取最佳方案。</td><td></td><td></td></tr>
<tr><td>4</td><td>实施环节</td><td>划线过程中各个环节按照标准执行，贯彻落实“四不伤害”。</td><td></td><td></td></tr>
<tr><td>5</td><td>检查环节</td><td>各个环节逐一检查，是否有爱岗敬业的思想。</td><td></td><td></td></tr>
<tr><td rowspan="3">检查评价</td><td colspan="4">班级 |  | 第（　　）组 | 组长签字 | </td></tr>
<tr><td colspan="4">教师签字 |  | 日期 | </td></tr>
<tr><td colspan="4">评语：</td></tr>
</table>

学习情境 3-24

## 3.1.5　锉正六棱面

### 3.1.5.1　锉正六棱面环节资讯单

<table>
<tr><td>学习场</td><td colspan="3">金　工　实　训</td></tr>
<tr><td>学习情境 3</td><td>变压器低压套管线夹 M10 六角螺母的加工</td><td>本环节学时</td><td>8 分钟</td></tr>
<tr><td>典型工作过程描述</td><td colspan="3">下料—锯割—锉端面—划端面正六边形—锉正六棱面—钻孔—攻螺纹—倒角</td></tr>
<tr><td>搜集资讯的方式</td><td colspan="3">教师的讲解、互联网查询或者同学间交流</td></tr>
<tr><td>资讯描述</td><td colspan="3">查看教师提供的资料，获取正六棱面制作的有关信息，便于安全有效地完成任务，参考图 3.1.5。<br><br>图 3.1.5　锉正六棱面</td></tr>
<tr><td>对学生的要求</td><td colspan="3">课前充分预习实训作业单，充分利用网络查找有关实训的学习资料，实训过程中穿着实训服装，贯彻落实自己不伤害自己、自己不伤害他人、自己不被他人伤害、保护他人不被伤害的“四不伤害”安全要求，注意严格遵守实训室的各项规章制度。</td></tr>
<tr><td>参考资料</td><td colspan="3">参考《1 型六角螺母》(GB/T 6170—2015)。</td></tr>
</table>

### 3.1.5.2　锉正六棱面环节计划单

<table>
<tr><td colspan="2">学习场</td><td colspan="5">金　工　实　训</td></tr>
<tr><td colspan="2">学习情境3</td><td colspan="3">变压器低压套管线夹M10六角螺母的加工</td><td>本环节学时</td><td>8分钟</td></tr>
<tr><td colspan="2">典型工作过程描述</td><td colspan="5">下料—锯割—锉端面—划端面正六边形—锉正六棱面—钻孔—攻螺纹—倒角</td></tr>
<tr><td colspan="2">计划制订的方式</td><td colspan="5">同学之间小组讨论</td></tr>
<tr><td>序号</td><td colspan="2">工 作 步 骤</td><td colspan="4">注 意 事 项</td></tr>
<tr><td>1</td><td colspan="2">工作前准备</td><td colspan="4"></td></tr>
<tr><td>2</td><td colspan="2">开班前会，布置任务</td><td colspan="4"></td></tr>
<tr><td>3</td><td colspan="2">安全操作锉正六棱面</td><td colspan="4"></td></tr>
<tr><td>4</td><td colspan="2">清理现场</td><td colspan="4"></td></tr>
<tr><td colspan="2" rowspan="3">计划评价</td><td>班级</td><td></td><td>第（　　）组</td><td>组长签字</td><td></td></tr>
<tr><td>教师签字</td><td></td><td>日期</td><td colspan="2"></td></tr>
<tr><td colspan="5">评语：</td></tr>
</table>

学习情境 3-26

### 3.1.5.3　锉正六棱面环节决策单

<table>
<tr><td>学习场</td><td colspan="5">金　工　实　训</td></tr>
<tr><td>学习情境 3</td><td colspan="3">变压器低压套管线夹 M10 六角螺母的加工</td><td>本环节学时</td><td>8 分钟</td></tr>
<tr><td>典型工作过程描述</td><td colspan="5">下料—锯割—锉端面—划端面正六边形—锉正六棱面—钻孔—攻螺纹—倒角</td></tr>
<tr><td colspan="6">计　划　对　比</td></tr>
<tr><td>序号</td><td>计划的可行性</td><td>计划的经济性</td><td>计划的可操作性</td><td>计划的实施难度</td><td>综合评价</td></tr>
<tr><td>方案 1</td><td></td><td></td><td></td><td></td><td></td></tr>
<tr><td>方案 2</td><td></td><td></td><td></td><td></td><td></td></tr>
<tr><td>方案 3</td><td></td><td></td><td></td><td></td><td></td></tr>
<tr><td rowspan="3">决策评价</td><td>班级</td><td></td><td>第（　　）组</td><td>组长签字</td><td></td></tr>
<tr><td>教师签字</td><td></td><td>日期</td><td colspan="2"></td></tr>
<tr><td colspan="5">评语：</td></tr>
</table>

### 3.1.5.4　锉正六棱面环节实施单

<table>
<tr><td>学习场</td><td colspan="5">金　工　实　训</td></tr>
<tr><td>学习情境 3</td><td colspan="2">变压器低压套管线夹 M10 六角螺母的加工</td><td colspan="2">本环节学时</td><td>100 分钟</td></tr>
<tr><td>典型工作过程描述</td><td colspan="5">下料—锯割—锉端面—划端面正六边形—锉正六棱面—钻孔—攻螺纹—倒角</td></tr>
<tr><td>序号</td><td>实施步骤</td><td colspan="2">工作内容及方法</td><td>工艺质量要求</td><td>注意事项</td></tr>
<tr><td>1</td><td>工作前准备</td><td colspan="2"></td><td></td><td></td></tr>
<tr><td>2</td><td>开班前会，布置任务</td><td colspan="2"></td><td></td><td></td></tr>
<tr><td>3</td><td>安全操作锉正六棱面</td><td colspan="2">沿六角螺母端面的正六边形的加工界线进行锉削，并沿界线锉成正六边形。</td><td>要求正六边形对边距离为 16mm。</td><td>锋利物伤害。</td></tr>
<tr><td>4</td><td>清理现场</td><td colspan="2"></td><td></td><td></td></tr>
<tr><td>5</td><td></td><td colspan="2"></td><td></td><td></td></tr>
<tr><td colspan="6">实施说明：</td></tr>
<tr><td rowspan="3">实施评价</td><td>班级</td><td></td><td>第（　　）组</td><td>组长签字</td><td></td></tr>
<tr><td>教师签字</td><td></td><td>日期</td><td colspan="2"></td></tr>
<tr><td colspan="5">评语：</td></tr>
</table>

### 3.1.5.5 锉正六棱面环节检查单

| 学习场 | 金 工 实 训 | | |
|---|---|---|---|
| 学习情境 3 | 变压器低压套管线夹 M10 六角螺母的加工 | 本环节学时 | 8 分钟 |
| 典型工作过程描述 | 下料—锯割—锉端面—划端面正六边形—锉正六棱面—钻孔—攻螺纹—倒角 | | |

| 序号 | 检查项目 | 检 查 标 准 | 学生自查 | 教师检查 |
|---|---|---|---|---|
| 1 | 资讯环节 | 获得正六棱面制作的有关信息的来源。 | | |
| 2 | 计划环节 | 制定正六棱面制作步骤的各个方案。 | | |
| 3 | 决策环节 | 对各种正六棱面制作的方案衡量对比评分，获取最佳方案。 | | |
| 4 | 实施环节 | 正六棱面制作过程中各个环节按照标准执行，贯彻落实“四不伤害”。 | | |
| 5 | 检查环节 | 各个环节逐一检查，是否有爱岗敬业的主题思想。 | | |

| 检查评价 | 班级 | | 第（ ）组 | 组长签字 | |
|---|---|---|---|---|---|
| | 教师签字 | | 日期 | | |
| | 评语： | | | | |

## 3.1.6　钻孔

### 3.1.6.1　钻孔环节资讯单

| 学习场 | 金　工　实　训 | | |
|---|---|---|---|
| 学习情境 3 | 变压器低压套管线夹 M10 六角螺母的加工 | 本环节学时 | 6 分钟 |
| 典型工作过程描述 | 下料—锯割—锉端面—划端面正六边形—锉正六棱面—钻孔—攻螺纹—倒角 | | |
| 搜集资讯的方式 | 教师的讲解、互联网查询或者同学间交流 | | |
| 资讯描述 | 查看教师提供的资料，获取安全操作钻孔的有关信息，便于安全有效地完成任务，参考图 3.1.6。 | | |
| 对学生的要求 | 课前充分预习实训作业单，充分利用网络查找有关实训的学习资料，实训过程中穿着实训服装，贯彻落实自己不伤害自己、自己不伤害他人、自己不被他人伤害、保护他人不被伤害的“四不伤害”安全要求，注意严格遵守实训室的各项规章制度。 | | |
| 参考资料 | 参考《1 型六角螺母》（GB/T 6170—2015）。 | | |

图 3.1.6 是钻削施工现场，请指出违规操作的地方：____________________

________________________________________

________________________________________

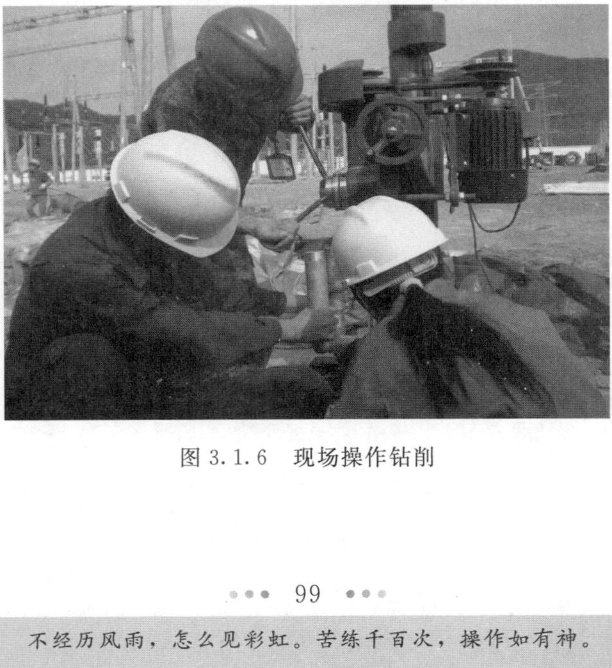

图 3.1.6　现场操作钻削

### 3.1.6.2 钻孔环节计划单

<table>
<tr><td>学习场</td><td colspan="3">金 工 实 训</td></tr>
<tr><td>学习情境 3</td><td>变压器低压套管线夹 M10 六角螺母的加工</td><td>本环节学时</td><td>6 分钟</td></tr>
<tr><td>典型工作过程描述</td><td colspan="3">下料—锯割—锉端面—划端面正六边形—锉正六棱面—钻孔—攻螺纹—倒角</td></tr>
<tr><td>计划制订的方式</td><td colspan="3">同学之间小组讨论</td></tr>
</table>

| 序号 | 工 作 步 骤 | 注 意 事 项 |
|---|---|---|
| 1 | 工作前准备 | |
| 2 | 开班前会，布置任务 | |
| 3 | 安全操作钻孔 | 触电和钻头伤害。 |
| 4 | 清理现场 | |

<table>
<tr><td rowspan="3">计划评价</td><td>班级</td><td></td><td>第（　　）组</td><td>组长签字</td><td></td></tr>
<tr><td>教师签字</td><td></td><td>日期</td><td colspan="2"></td></tr>
<tr><td colspan="5">评语：</td></tr>
</table>

### 3.1.6.3　钻孔环节决策单

<table>
<tr><td>学习场</td><td colspan="6">金　工　实　训</td></tr>
<tr><td>学习情境 3</td><td colspan="3">变压器低压套管线夹 M10 六角螺母的加工</td><td colspan="2">本环节学时</td><td>6 分钟</td></tr>
<tr><td>典型工作过程描述</td><td colspan="6">下料—锯割—锉端面—划端面正六边形—锉正六棱面—钻孔—攻螺纹—倒角</td></tr>
<tr><td colspan="7">计　划　对　比</td></tr>
<tr><td>序号</td><td>计划的可行性</td><td>计划的经济性</td><td colspan="2">计划的可操作性</td><td>计划的实施难度</td><td>综合评价</td></tr>
<tr><td>方案 1</td><td></td><td></td><td colspan="2"></td><td></td><td></td></tr>
<tr><td>方案 2</td><td></td><td></td><td colspan="2"></td><td></td><td></td></tr>
<tr><td>方案 3</td><td></td><td></td><td colspan="2"></td><td></td><td></td></tr>
<tr><td rowspan="3">决策评价</td><td>班级</td><td></td><td>第（　　）组</td><td>组长签字</td><td colspan="2"></td></tr>
<tr><td>教师签字</td><td></td><td>日期</td><td colspan="3"></td></tr>
<tr><td colspan="6">评语：</td></tr>
</table>

### 3.1.6.4 钻孔环节实施单

<table>
<tr><td>学习场</td><td colspan="5">金 工 实 训</td></tr>
<tr><td>学习情境 3</td><td colspan="3">变压器低压套管线夹 M10 六角螺母的加工</td><td>本环节学时</td><td>20 分钟</td></tr>
<tr><td>典型工作过程描述</td><td colspan="5">下料—锯割—锉端面—划端面正六边形—锉正六棱面—钻孔—攻螺纹—倒角</td></tr>
<tr><td>序号</td><td>实施步骤</td><td>工作内容及方法</td><td colspan="2">工艺质量要求</td><td>注意事项</td></tr>
<tr><td>1</td><td>工作前准备</td><td></td><td colspan="2"></td><td></td></tr>
<tr><td>2</td><td>开班前会，布置任务</td><td></td><td colspan="2"></td><td></td></tr>
<tr><td>3</td><td>安全操作钻孔</td><td>在圆心打好样冲眼，用 $\phi$8.5 钻头钻孔。用钻头 $\phi$12.5 扩孔。</td><td colspan="2">样冲眼要求深度 1.5mm、钻孔在圆心位置。两端面的孔口位置各扩孔深度 1.5mm。</td><td>触电和钻头伤害。</td></tr>
<tr><td>4</td><td>清理现场</td><td></td><td colspan="2"></td><td></td></tr>
<tr><td colspan="6">实施说明：</td></tr>
</table>

<table>
<tr><td rowspan="3">实施评价</td><td>班级</td><td></td><td>第（ ）组</td><td>组长签字</td><td></td></tr>
<tr><td>教师签字</td><td></td><td>日期</td><td colspan="2"></td></tr>
<tr><td colspan="5">评语：</td></tr>
</table>

学习情境 3-33

### 3.1.6.5　钻孔环节检查单

| 学习场 | 金　工　实　训 | | | | |
|---|---|---|---|---|---|
| 学习情境 3 | 变压器低压套管线夹 M10 六角螺母的加工 | | 本环节学时 | 6 分钟 | |
| 典型工作过程描述 | 下料—锯割—锉端面—划端面正六边形—锉正六棱面—钻孔—攻螺纹—倒角 | | | | |
| 序号 | 检查项目 | 检 查 标 准 | 学生自查 | 教师检查 | |
| 1 | 钻孔资讯环节 | 获得 M10 六角螺母钻孔的有关信息的来源。 | | | |
| 2 | 钻孔计划环节 | 制定钻孔步骤的各个方案。 | | | |
| 3 | 钻孔决策环节 | 对各种钻孔的方案衡量对比评分，获取最佳方案。 | | | |
| 4 | 钻孔实施环节 | 钻孔过程中各个环节按照标准执行，贯彻落实“四不伤害”。 | | | |
| 5 | 钻孔检查环节 | 各个环节逐一检查，是否有爱岗敬业的主题思想。 | | | |
| 检查评价 | 班级 | | 第（　　）组 | 组长签字 | |
| | 教师签字 | | 日期 | | |
| | 评语： | | | | |





不经历风雨，怎么见彩虹。苦练千百次，操作如有神。

### 3.1.7 攻螺纹

#### 3.1.7.1 攻螺纹环节资讯单

| 学习场 | 金工实训 | | |
|---|---|---|---|
| 学习情境 3 | 变压器低压套管线夹 M10 六角螺母的加工 | 本环节学时 | 6 分钟 |
| 典型工作过程描述 | 下料—锯割—锉端面—划端面正六边形—锉正六棱面—钻孔—攻螺纹—倒角 | | |
| 搜集资讯的方式 | 教师的讲解、互联网查询或者同学间交流 | | |
| 资讯描述 | 查看教师提供的资料，获取六角螺母攻螺纹制作的有关信息，便于安全有效地完成任务。 | | |
| 对学生的要求 | 课前充分预习实训作业单，充分利用网络查找有关实训的学习资料，实训过程中穿着实训服装，贯彻落实自己不伤害自己、自己不伤害他人、自己不被他人伤害、保护他人不被伤害的“四不伤害”安全要求，注意严格遵守实训室的各项规章制度。 | | |
| 参考资料 | 参考《1 型六角螺母》(GB/T 6170—2015) 和《施工现场临时用电安全技术规范》(JGJ 46—2005)。<br>攻螺纹的操作 | | |



## 技 能 要 点

下列说法正确的是（　　　　　　　　）。

A. 攻螺纹时保持丝锥垂直于螺母的端面，丝锥中心与孔中心重合。

B. 双手握紧铰杠两端，顺时针转动铰杠，每转动 4～5 圈要反转 1～2 圈。

C. 攻螺纹时先用一锥，然后再用二锥。

D. 丝锥与孔面不垂直时可以用小锤敲打丝锥。

E. 攻螺纹感到阻力很大时，可以强行用力扭动丝锥使其继续前进。

F. 锉削的速度一般为每分钟 30～60 次。

G. 锯割的速度一般为每分钟 60 次。

H. 钻孔时不能戴手套操作。

I. 更换钻头时必须断开台钻的电源。

### 3.1.7.2　攻螺纹环节计划单

<table>
<tr><td>学习场</td><td colspan="5">金　工　实　训</td></tr>
<tr><td>学习情境 3</td><td colspan="3">变压器低压套管线夹 M10 六角螺母的加工</td><td>本环节学时</td><td>6 分钟</td></tr>
<tr><td>典型工作过程描述</td><td colspan="5">下料—锯割—锉端面—划端面正六边形—锉正六棱面—钻孔—攻螺纹—倒角</td></tr>
<tr><td>计划制订的方式</td><td colspan="5">同学之间小组讨论</td></tr>
<tr><td>序号</td><td colspan="2">工 作 步 骤</td><td colspan="3">注 意 事 项</td></tr>
<tr><td>1</td><td colspan="2">工作前准备</td><td colspan="3"></td></tr>
<tr><td>2</td><td colspan="2">开班前会，布置任务</td><td colspan="3"></td></tr>
<tr><td>3</td><td colspan="2">安全操作攻螺纹</td><td colspan="3"></td></tr>
<tr><td>4</td><td colspan="2">清理现场</td><td colspan="3"></td></tr>
<tr><td rowspan="3">计划评价</td><td>班级</td><td></td><td>第（　　）组</td><td>组长签字</td><td></td></tr>
<tr><td>教师签字</td><td></td><td>日期</td><td colspan="2"></td></tr>
<tr><td colspan="5">评语：</td></tr>
</table>

学习情境 3-36

### 3.1.7.3　攻螺纹环节决策单

<table>
<tr><td>学习场</td><td colspan="5">金　工　实　训</td></tr>
<tr><td>学习情境 3</td><td colspan="3">变压器低压套管线夹 M10 六角螺母的加工</td><td>本环节学时</td><td>6 分钟</td></tr>
<tr><td>典型工作过程描述</td><td colspan="5">下料—锯割—锉端面—划端面正六边形—锉正六棱面—钻孔—攻螺纹—倒角</td></tr>
<tr><td colspan="6">计　划　对　比</td></tr>
<tr><td>序号</td><td>计划的可行性</td><td>计划的经济性</td><td>计划的可操作性</td><td>计划的实施难度</td><td>综合评价</td></tr>
<tr><td>方案 1</td><td></td><td></td><td></td><td></td><td></td></tr>
<tr><td>方案 2</td><td></td><td></td><td></td><td></td><td></td></tr>
<tr><td>方案 3</td><td></td><td></td><td></td><td></td><td></td></tr>
</table>

<table>
<tr><td rowspan="3">决策评价</td><td>班级</td><td></td><td>第（　　）组</td><td>组长签字</td><td></td></tr>
<tr><td>教师签字</td><td></td><td>日期</td><td colspan="2"></td></tr>
<tr><td colspan="5">评语：</td></tr>
</table>

学习情境 3-37

### 3.1.7.4　攻螺纹环节实施单

| | | | |
|---|---|---|---|
| 学习场 | 金　工　实　训 | | |
| 学习情境 3 | 变压器低压套管线夹 M10 六角螺母的加工 | 本环节学时 | 20 分钟 |
| 典型工作过程描述 | 下料—锯割—锉端面—划端面正六边形—锉正六棱面—钻孔—攻螺纹—倒角 | | |

| 序号 | 实施步骤 | 工作内容及方法 | 工艺质量要求 | 注意事项 |
|---|---|---|---|---|
| 1 | 工作前准备 | | | |
| 2 | 开班前会，布置任务 | | | |
| 3 | 安全操作攻螺纹 | 用 M10 的丝锥（一锥、二锥）攻螺纹，在攻螺纹过程中，两手用力要均衡，旋转要平衡，每旋转 1/2～1 周时，将丝锥反转 1/4 周，以排除切屑，防止切屑堵塞屑槽，造成丝锥损坏或者折断。 | 螺纹顺滑。 | 锋利物伤害。 |
| 4 | 清理现场 | | | |

实施说明：

| | | | | | |
|---|---|---|---|---|---|
| 实施评价 | 班级 | | 第（　　）组 | 组长签字 | |
| | 教师签字 | | 日期 | | |
| | 评语： | | | | |

### 3.1.7.5　攻螺纹环节检查单

<table>
<tr><td>学习场</td><td colspan="5">金　工　实　训</td></tr>
<tr><td>学习情境 3</td><td colspan="3">变压器低压套管线夹 M10 六角螺母的加工</td><td>本环节学时</td><td>6 分钟</td></tr>
<tr><td>典型工作过程描述</td><td colspan="5">下料—锯割—锉端面—划端面正六边形—锉正六棱面—钻孔—攻螺纹—倒角</td></tr>
<tr><td>序号</td><td>检查项目</td><td colspan="2">检 查 标 准</td><td>学生自查</td><td>教师检查</td></tr>
<tr><td>1</td><td>资讯环节</td><td colspan="2">获得 M10 六角螺母攻螺纹操作的有关信息的来源。</td><td></td><td></td></tr>
<tr><td>2</td><td>计划环节</td><td colspan="2">制定攻螺纹操作步骤的各个方案。</td><td></td><td></td></tr>
<tr><td>3</td><td>决策环节</td><td colspan="2">对各种攻螺纹操作的方案衡量对比评分，获取最佳方案。</td><td></td><td></td></tr>
<tr><td>4</td><td>实施环节</td><td colspan="2">攻螺纹操作过程中各个环节按照标准执行，贯彻落实“四不伤害”。</td><td></td><td></td></tr>
<tr><td>5</td><td>检查环节</td><td colspan="2">各个环节逐一检查，是否有爱岗敬业的主题思想。</td><td></td><td></td></tr>
<tr><td rowspan="3" colspan="2">检查评价</td><td>班级</td><td></td><td>第（　　）组</td><td>组长签字</td></tr>
<tr><td>教师签字</td><td></td><td>日期</td><td></td></tr>
<tr><td colspan="4">评语：</td></tr>
</table>

## 3.1.8　倒角

### 3.1.8.1　倒角环节资讯单

| 学习场 | 金　工　实　训 | | |
|---|---|---|---|
| 学习情境3 | 变压器低压套管线夹 M10 六角螺母的加工 | 本环节学时 | 6分钟 |
| 典型工作过程描述 | 下料—锯割—锉端面—划端面正六边形—锉正六棱面—钻孔—攻螺纹—倒角 | | |
| 搜集资讯的方式 | 教师的讲解、互联网查询或者同学间交流 | | |
| 资讯描述 | 查看教师提供的资料，获取六角螺母倒角操作的有关信息，便于安全有效地完成任务。 | | |
| 对学生的要求 | 课前充分预习实训作业单，充分利用网络查找有关实训的学习资料，实训过程中穿着实训服装，贯彻落实自己不伤害自己、自己不伤害他人、自己不被他人伤害、保护他人不被伤害的"四不伤害"安全要求，注意严格遵守实训室的各项规章制度。 | | |
| 参考资料 | 参考《1型六角螺母》(GB/T 6170—2015)。 | | |



## 技　能　要　点

1. 下列工具中禁止用小锤敲打的是（　　　　）。

A. 划规　　　　B. 样冲　　　　C. 划针　　　　D. 游标卡尺

2. 下列说法正确的是（　　　　）。

A. 锯条安装在锯弓上越紧越好

B. 锯割工件用虎钳夹持时，锯切位置不宜伸出过长

C. 工件锯割开始或者将要切断时，须轻轻推割，以防滑出伤手或使锯条断裂

D. 锯切工件一定夹紧，锯切钢件时要润滑

E. 使用锉刀应装上手柄

F. 锉刀放置不能伸出工作台外

G. 不准用锉刀撬、砸、敲打其他物品

### 3.1.8.2 倒角环节计划单

<table>
<tr><td colspan="2">学习场</td><td colspan="5">金 工 实 训</td></tr>
<tr><td colspan="2">学习情境 3</td><td colspan="3">变压器低压套管线夹 M10 六角螺母的加工</td><td>本环节学时</td><td>6 分钟</td></tr>
<tr><td colspan="2">典型工作过程描述</td><td colspan="5">下料—锯割—锉端面—划端面正六边形—锉正六棱面—钻孔—攻螺纹—倒角</td></tr>
<tr><td colspan="2">计划制订的方式</td><td colspan="5">同学之间小组讨论</td></tr>
<tr><td>序号</td><td colspan="3">工 作 步 骤</td><td colspan="3">注 意 事 项</td></tr>
<tr><td>1</td><td colspan="3">工作前准备</td><td colspan="3"></td></tr>
<tr><td>2</td><td colspan="3">开班前会，布置任务</td><td colspan="3"></td></tr>
<tr><td>3</td><td colspan="3">安全操作倒角</td><td colspan="3"></td></tr>
<tr><td>4</td><td colspan="3">清理现场</td><td colspan="3"></td></tr>
<tr><td colspan="2" rowspan="3">计划评价</td><td>班级</td><td></td><td>第（　　）组</td><td>组长签字</td><td></td></tr>
<tr><td>教师签字</td><td></td><td>日期</td><td colspan="2"></td></tr>
<tr><td colspan="5">评语：</td></tr>
</table>

### 3.1.8.3　倒角环节决策单

<table>
<tr><td>学习场</td><td colspan="5">金　工　实　训</td></tr>
<tr><td>学习情境3</td><td colspan="3">变压器低压套管线夹M10六角螺母的加工</td><td>本环节学时</td><td>6分钟</td></tr>
<tr><td>典型工作过程描述</td><td colspan="5">下料—锯割—锉端面—划端面正六边形—锉正六棱面—钻孔—攻螺纹—倒角</td></tr>
<tr><td colspan="6">计　划　对　比</td></tr>
<tr><td>序号</td><td>计划的可行性</td><td>计划的经济性</td><td>计划的可操作性</td><td>计划的实施难度</td><td>综合评价</td></tr>
<tr><td>方案1</td><td></td><td></td><td></td><td></td><td></td></tr>
<tr><td>方案2</td><td></td><td></td><td></td><td></td><td></td></tr>
<tr><td>方案3</td><td></td><td></td><td></td><td></td><td></td></tr>
<tr><td rowspan="3">决策评价</td><td>班级</td><td></td><td>第（　　）组</td><td>组长签字</td><td></td></tr>
<tr><td>教师签字</td><td></td><td>日期</td><td colspan="2"></td></tr>
<tr><td colspan="5">评语：</td></tr>
</table>

### 3.1.8.4 倒角环节实施单

| 学习场 | 金工实训 | | | |
|---|---|---|---|---|
| 学习情境3 | 变压器低压套管线夹M10六角螺母的加工 | | 本环节学时 | 30分钟 |
| 典型工作过程描述 | 下料—锯割—锉端面—划端面正六边形—锉正六棱面—钻孔—攻螺纹—倒角 | | | |
| 序号 | 实施步骤 | 工作内容及方法 | 工艺质量要求 | 注意事项 |
| 1 | 工作前准备 | | | |
| 2 | 开班前会，布置任务 | | | |
| 3 | 安全操作倒角 | 锉掉两个端面的六个角。 | 要求锉掉的各个角形成等边三角形。 | 锋利物伤害。 |
| 4 | 清理现场 | 1. 现场工作结束后，工作负责人应关闭电源，检查工具。<br>2. 清扫现场。 | 按照要求进行安全检查和工具验收，清扫现场。 | 铁屑伤害和锋利物伤害。 |
| 实施说明： | | | | |

| 实施评价 | | | | |
|---|---|---|---|---|
| | 班级 | | 第（ ）组 | 组长签字 | |
| | 教师签字 | | 日期 | |
| | 评语： | | | |

### 3.1.8.5　倒角环节检查单

| 学习场 | 金　工　实　训 | | | | |
|---|---|---|---|---|---|
| 学习情境 3 | 变压器低压套管线夹 M10 六角螺母的加工 | | | 本环节学时 | 6 分钟 |
| 典型工作过程描述 | 下料—锯割—锉端面—划端面正六边形—锉正六棱面—钻孔—攻螺纹—倒角 | | | | |
| 序号 | 检查项目 | 检 查 标 准 | | 学生自查 | 教师检查 |
| 1 | 资讯环节 | 获得 M10 六角螺母倒角操作的有关信息的来源。 | | | |
| 2 | 计划环节 | 制定倒角操作步骤的各个方案。 | | | |
| 3 | 决策环节 | 对各种倒角操作的方案衡量对比评分，获取最佳方案。 | | | |
| 4 | 实施环节 | 倒角操作过程中各个环节按照标准执行，贯彻落实“四不伤害”。 | | | |
| 5 | 检查环节 | 各个环节逐一检查，是否有爱岗敬业的主题思想。 | | | |
| 检查评价 | 班级 | | 第（　　）组 | 组长签字 | |
| | 教师签字 | | 日期 | | |
| | 评语： | | | | |





不经历风雨，怎么见彩虹。苦练千百次，操作如有神。

## 3.2 变压器低压套管线夹 M10 六角螺母的加工学习情境材料工具清单

| 学习场 | 金 工 实 训 | | |
| --- | --- | --- | --- |
| 学习情境 3 | 变压器低压套管线夹 M10 六角螺母的加工 | 本环节学时 | 540 分钟 |
| 典型工作过程描述 | 下料—锯割—锉端面—划端面正六边形—锉正六棱面—钻孔—攻螺纹—倒角 | | |

| 序号 | 名称 | 作用 | 数量 | 型号 | 使用者 |
| --- | --- | --- | --- | --- | --- |
| | | | | | |
| | | | | | |
| | | | | | |
| | | | | | |
| | | | | | |
| | | | | | |
| | | | | | |
| | | | | | |
| | | | | | |
| | | | | | |
| | | | | | |
| | | | | | |
| | | | | | |
| | | | | | |
| | | | | | |
| | | | | | |
| | | | | | |
| | | | | | |

| 班级 | | 第（ ）组 | 组长签字 | |
| --- | --- | --- | --- | --- |
| 教师签字 | | 日期 | | |

## 3.3　变压器低压套管线夹 M10 六角螺母的加工学习情境教学反馈单

<table>
<tr><td>学习场</td><td colspan="5">金　工　实　训</td></tr>
<tr><td>学习情境 3</td><td colspan="3">变压器低压套管线夹 M10 六角螺母的加工</td><td>本环节学时</td><td>540 分钟</td></tr>
<tr><td>典型工作过程描述</td><td colspan="5">下料—锯割—锉端面—划端面正六边形—锉正六棱面—钻孔—攻螺纹—倒角</td></tr>
<tr><td rowspan="6">调查项目</td><td>序号</td><td colspan="2">调 查 内 容</td><td colspan="2">理 由 描 述</td></tr>
<tr><td></td><td colspan="2"></td><td colspan="2"></td></tr>
<tr><td></td><td colspan="2"></td><td colspan="2"></td></tr>
<tr><td></td><td colspan="2"></td><td colspan="2"></td></tr>
<tr><td></td><td colspan="2"></td><td colspan="2"></td></tr>
<tr><td></td><td colspan="2"></td><td colspan="2"></td></tr>
<tr><td colspan="6">您对本次课程教学的改进意见：</td></tr>
<tr><td>调查信息</td><td>被调查人姓名</td><td></td><td>调查日期</td><td colspan="2"></td></tr>
</table>

## 3.4 变压器低压套管线夹 M10 六角螺母的加工学习情境分组单

<table>
<tr><td colspan="2">学习场</td><td colspan="5">金 工 实 训</td></tr>
<tr><td colspan="2">学习情境 3</td><td colspan="3">变压器低压套管线夹 M10 六角螺母的加工</td><td>本环节学时</td><td>540 分钟</td></tr>
<tr><td colspan="2">典型工作过程描述</td><td colspan="5">下料—锯割—锉端面—划端面正六边形—锉正六棱面—钻孔—攻螺纹—倒角</td></tr>
<tr><td rowspan="16">分组情况</td><td>组别</td><td>组长</td><td colspan="4">组 员</td></tr>
<tr><td></td><td></td><td></td><td></td><td></td><td></td></tr>
<tr><td></td><td></td><td></td><td></td><td></td><td></td></tr>
<tr><td></td><td></td><td></td><td></td><td></td><td></td></tr>
<tr><td></td><td></td><td></td><td></td><td></td><td></td></tr>
<tr><td></td><td></td><td></td><td></td><td></td><td></td></tr>
<tr><td></td><td></td><td></td><td></td><td></td><td></td></tr>
<tr><td></td><td></td><td></td><td></td><td></td><td></td></tr>
<tr><td></td><td></td><td></td><td></td><td></td><td></td></tr>
<tr><td></td><td></td><td></td><td></td><td></td><td></td></tr>
<tr><td></td><td></td><td></td><td></td><td></td><td></td></tr>
<tr><td></td><td></td><td></td><td></td><td></td><td></td></tr>
<tr><td></td><td></td><td></td><td></td><td></td><td></td></tr>
<tr><td></td><td></td><td></td><td></td><td></td><td></td></tr>
<tr><td></td><td></td><td></td><td></td><td></td><td></td></tr>
<tr><td></td><td></td><td></td><td></td><td></td><td></td></tr>
<tr><td>分组说明</td><td colspan="6"></td></tr>
<tr><td>班级</td><td></td><td>教师签字</td><td colspan="2"></td><td>日期</td><td></td></tr>
</table>

## 3.5 变压器低压套管线夹 M10 六角螺母的加工学习情境评价单

<table>
<tr><td>学习场</td><td colspan="6">金 工 实 训</td></tr>
<tr><td>学习情境3</td><td colspan="3">变压器低压套管线夹 M10 六角螺母的加工</td><td colspan="2">本环节学时</td><td>20 分钟</td></tr>
<tr><td>典型工作过程描述</td><td colspan="6">下料—锯割—锉端面—划端面正六边形—锉正六棱面—钻孔—攻螺纹—倒角</td></tr>
<tr><td>评价项目</td><td colspan="2">评 价 子 项 目</td><td colspan="2">学生自评 20%</td><td>组内评价 30%</td><td>教师评价 50%</td></tr>
<tr><td>典型工作环节下料</td><td colspan="2">1. 资讯 10 分；2. 计划 10 分；3. 决策 10 分；4. 实施 40 分；5. 检查 10 分；6. 工作态度 20 分。</td><td colspan="2"></td><td></td><td></td></tr>
<tr><td>典型工作环节锯割</td><td colspan="2">1. 资讯 10 分；2. 计划 10 分；3. 决策 10 分；4. 实施 40 分；5. 检查 10 分；6. 工作态度 20 分。</td><td colspan="2"></td><td></td><td></td></tr>
<tr><td>典型工作环节锉端面</td><td colspan="2">1. 资讯 10 分；2. 计划 10 分；3. 决策 10 分；4. 实施 40 分；5. 检查 10 分；6. 工作态度 20 分。</td><td colspan="2"></td><td></td><td></td></tr>
<tr><td>典型工作环节划端面正六边形</td><td colspan="2">1. 资讯 10 分；2. 计划 10 分；3. 决策 10 分；4. 实施 40 分；5. 检查 10 分；6. 工作态度 20 分。</td><td colspan="2"></td><td></td><td></td></tr>
<tr><td>典型工作环节锉正六棱面</td><td colspan="2">1. 资讯 10 分；2. 计划 10 分；3. 决策 10 分；4. 实施 40 分；5. 检查 10 分；6. 工作态度 20 分。</td><td colspan="2"></td><td></td><td></td></tr>
<tr><td>典型工作环节钻孔</td><td colspan="2">1. 资讯 10 分；2. 计划 10 分；3. 决策 10 分；4. 实施 40 分；5. 检查 10 分；6. 工作态度 20 分。</td><td colspan="2"></td><td></td><td></td></tr>
<tr><td>典型工作环节攻螺纹</td><td colspan="2">1. 资讯 10 分；2. 计划 10 分；3. 决策 10 分；4. 实施 40 分；5. 检查 10 分；6. 工作态度 20 分。</td><td colspan="2"></td><td></td><td></td></tr>
<tr><td>典型工作环节倒角</td><td colspan="2">1. 资讯 10 分；2. 计划 10 分；3. 决策 10 分；4. 实施 40 分；5. 检查 10 分；6. 工作态度 20 分。</td><td colspan="2"></td><td></td><td></td></tr>
<tr><td>最终结果</td><td colspan="2">1. 资讯 10 分；2. 计划 10 分；3. 决策 10 分；4. 实施 40 分；5. 检查 10 分；6. 工作态度 20 分。</td><td colspan="2"></td><td></td><td></td></tr>
<tr><td rowspan="3">评价</td><td>班级</td><td></td><td>第（ ）组</td><td>组长签字</td><td colspan="2"></td></tr>
<tr><td>教师签字</td><td></td><td>日期</td><td colspan="3"></td></tr>
<tr><td colspan="6">评语：</td></tr>
</table>

学习情境 3-48

## 3.6　教师实施计划单

| 学习场 | 金　工　实　训 | | | | | |
|---|---|---|---|---|---|---|
| 学习情境 3 | 变压器低压套管线夹 M10 六角螺母的加工 | | | 学时 | 540 分钟 | |
| 典型工作过程描述 | 下料—锯割—锉端面—划端面正六边形—锉正六棱面—钻孔—攻螺纹—倒角 | | | | | |
| 序号 | 工作与学习步骤 | 学时 | 使用工具 | 地点 | 方式 | 备注 |
| | | | | | | |
| | | | | | | |
| | | | | | | |
| | | | | | | |
| | | | | | | |
| | | | | | | |
| | | | | | | |
| | | | | | | |
| | | | | | | |
| | | | | | | |
| 班级 | | 教师签字 | | 日期 | | |

# 学习情境 4

# 电气设备接地引下线的焊接

## 4.0 学习性工作任务单

<table>
<tr><td>学习场</td><td colspan="6">金 工 实 训</td></tr>
<tr><td>学习情境 4</td><td colspan="3">电气设备接地引下线的焊接</td><td colspan="2">总学时</td><td>660 分钟</td></tr>
<tr><td>典型工作过程描述</td><td colspan="6">焊接引弧技能训练—焊接运条技能训练—焊接收尾技能训练—下料—接地引下线搭接平焊</td></tr>
<tr><td>学习目标</td><td colspan="6">1. 能正确使用焊接工具。<br>2. 能安全规范操作电焊机。<br>3. 掌握焊接的引弧、运条和收尾的安全操作技能。<br>4. 掌握平焊的基本技能。</td></tr>
<tr><td>任务描述</td><td colspan="6">把两块尺寸为 4mm×40mm×200mm 的扁铁搭接在一起，经过手工电弧焊接端面 A、端面 B 和端面 C，如图 4.0.1 所示，使其达到电气设备接地连接的要求。<br>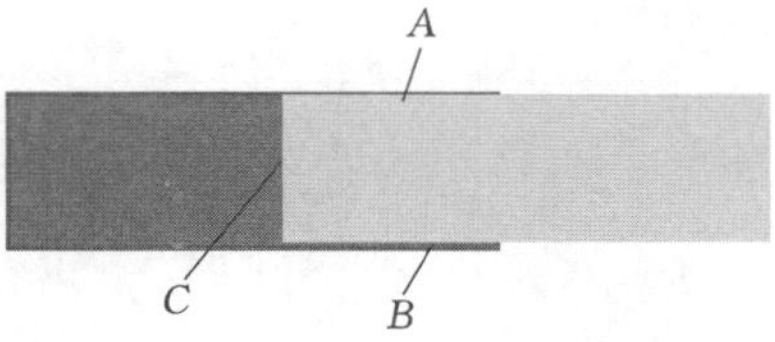<br><br>图 4.0.1 三面焊接</td></tr>
<tr><td rowspan="2">学时安排</td><td>资讯</td><td>计划</td><td>决策</td><td>实施</td><td>检查</td><td>评价</td></tr>
<tr><td>30 分钟</td><td>30 分钟</td><td>30 分钟</td><td>520 分钟</td><td>30 分钟</td><td>20 分钟</td></tr>
<tr><td>对学生的要求</td><td colspan="6">课前充分预习实训作业单，实训过程中穿着实训服装，贯彻落实自己不伤害自己、自己不伤害他人、自己不被他人伤害、保护他人不被伤害的“四不伤害”安全要求，注意严格遵守实训室的各项规章制度。</td></tr>
<tr><td>参考资料</td><td colspan="6">参考《电气装置安装工程接地装置施工及验收规范》（GB 50169—2016）和《电弧焊机通用技术条件》（GB/T 8118—2010）。<br>焊接三步骤　　焊接的操作</td></tr>
</table>

## 4.1　教学引导文

| 学习场 | 金工实训 | 学习情境 4 | 电气设备接地引下线的焊接 | 参照系 | 《电气装置安装工程接地装置施工及验收规范》（GB 50169—2016） | |
|---|---|---|---|---|---|---|
| 普适性工作过程 / 典型工作过程 | 资讯 | 计划 | 决策 | 实施 | 检查 | 评价 |
| 焊接引弧技能训练 | 查看《施工现场临时用电安全技术规范》（JGJ 46—2005），获取施工现场用电规范的有关信息，便于安全有效地完成任务。 | 通过同学之间小组讨论，拟订用电安全规范计划，完成 4.1.1.2 焊接引弧技能训练计划单。 | 计划的可行性、经济性、可操作性和实施难度几方面综合分析，选取最佳方案。 | 查找有关资料，完成 4.1.1.4 焊接引弧技能训练实施单。 | 按照 4.1.1.5 焊接引弧技能训练检查单的检查项目和标准，进行学生自查和教师检查。 | 根据评价项目配置分值，进行自评、互评和教师评价，完成 4.5 电气设备接地引下线的焊接学习情境评价单。 |
| 焊接运条技能训练 | 查看《弧焊设备　第1部分：焊接电源》（GB/T 15579.1—2013），获取施工现场点焊接用电技术要求的有关信息，便于安全有效地完成任务。 | 通过同学之间小组讨论，拟订用电安全规范计划，完成 4.1.2.2 焊接运条技能训练计划单。 | 计划的可行性、经济性、可操作性和实施难度几方面综合分析，选取最佳方案。 | 查找有关资料，完成 4.1.2.4 焊接运条技能训练实施单。 | 按照 4.1.2.5 焊接运条技能训练检查单的检查项目和标准，进行学生自查和教师检查。 | 根据评价项目配置分值，进行自评、互评和教师评价，完成 4.5 电气设备接地引下线的焊接学习情境评价单。 |
| 焊接收尾技能训练 | 查看《施工现场临时用电安全技术规范》（JGJ 46—2005），获取施工现场用电规范的有关信息，便于安全有效地完成任务。 | 通过同学之间小组讨论，拟订用电安全规范计划，完成 4.1.3.2 焊接收尾技能训练计划单。 | 计划的可行性、经济性、可操作性和实施难度几方面综合分析，选取最佳方案。 | 查找有关资料，完成 4.1.3.4 焊接收尾技能训练实施单。 | 按照 4.1.3.5 焊接收尾技能训练检查单的检查项目和标准，进行学生自查和教师检查。 | 根据评价项目配置分值，进行自评、互评和教师评价，完成 4.5 电气设备接地引下线的焊接学习情境评价单。 |

续表

| 学习场 | 金工实训 | 学习情境 4 | 电气设备接地引下线的焊接 | 参照系 | 《电气装置安装工程接地装置施工及验收规范》(GB 50169—2016) | |
|---|---|---|---|---|---|---|
| 普适性工作过程<br>典型工作过程 | 资讯 | 计划 | 决策 | 实施 | 检查 | 评价 |
| 下料 | 查看《施工现场临时用电安全技术规范》(JGJ 46—2005)，获取施工现场用电规范的有关信息，便于安全有效地完成任务。 | 通过同学之间小组讨论，拟订用电安全规范计划，完成 4.1.4.2 下料计划单。 | 计划的可行性、经济性、可操作性和实施难度几方面综合分析，选取最佳方案。 | 查找有关资料，完成 4.1.4.4 下料实施单。 | 按照 4.1.4.5 下料检查单的检查项目和标准，进行学生自查和教师检查。 | 根据评价项目配置分值，进行自评、互评和教师评价，完成 4.5 电气设备接地引下线的焊接学习情境评价单。 |
| 接地引下线搭接平焊 | 查看《弧焊设备　第1部分：焊接电源》(GB/T 15579.1—2013)，获取施工现场点焊接用电技术要求的有关信息，便于安全有效地完成任务，参考图 4.1.1。 | 通过同学之间小组讨论，拟订用电安全规范计划，完成 4.1.5.2 接地引下线搭接平焊计划单。 | 计划的可行性、经济性、可操作性和实施难度几方面综合分析，选取最佳方案。 | 查找有关资料，完成 4.1.5.4 接地引下线搭接平焊实施单。 | 按照 4.1.5.5 接地引下线搭接平焊检查单的检查项目和标准，进行学生自查和教师检查。 | 根据评价项目配置分值，进行自评、互评和教师评价，完成 4.5 电气设备接地引下线的焊接学习情境评价单。 |

图 4.1.1　现场作业指导书

## 4.1.1 焊接引弧技能训练

### 4.1.1.1 焊接引弧技能训练资讯单

| 学习场 | 金 工 实 训 | | |
|---|---|---|---|
| 学习情境 4 | 电气设备接地引下线的焊接 | 本环节学时 | 6 分钟 |
| 典型工作过程描述 | 焊接引弧技能训练—焊接运条技能训练—焊接收尾技能训练—下料—接地引下线搭接平焊 | | |
| 搜集资讯的方式 | 教师的讲解、互联网查询或者同学间交流 | | |
| 资讯描述 | 查看教师提供的资料，获取手工电弧焊接引弧安全操作的技能要求和有关信息，便于安全有效地完成任务，参考图 4.1.2。<br><br>图 4.1.2 引弧训练 | | |
| 对学生的要求 | 课前充分预习实训作业单，实训过程中穿着实训服装，贯彻落实自己不伤害自己、自己不伤害他人、自己不被他人伤害、保护他人不被伤害的“四不伤害”安全要求，注意严格遵守实训室的各项规章制度。 | | |
| 参考资料 | 参考《施工现场临时用电安全技术规范》（JGJ 46—2005）和《 电弧焊焊接工艺规程》（GB/T 19867.1—2005）。 | | |

### 4.1.1.2　焊接引弧技能训练计划单

<table>
<tr><td colspan="2">学习场</td><td colspan="5">金　工　实　训</td></tr>
<tr><td colspan="2">学习情境 4</td><td colspan="3">电气设备接地引下线的焊接</td><td>本环节学时</td><td>6 分钟</td></tr>
<tr><td colspan="2">典型工作过程描述</td><td colspan="5">焊接引弧技能训练—焊接运条技能训练—焊接收尾技能训练—下料—接地引下线搭接平焊</td></tr>
<tr><td colspan="2">计划制订的方式</td><td colspan="5">同学之间小组讨论</td></tr>
<tr><td>序号</td><td>工 作 步 骤</td><td colspan="5">注 意 事 项</td></tr>
<tr><td>1</td><td>作业前准备</td><td colspan="5"></td></tr>
<tr><td>2</td><td>开班前会，布置任务</td><td colspan="5"></td></tr>
<tr><td>3</td><td>安全操作引弧技能训练</td><td colspan="5"></td></tr>
<tr><td>4</td><td>清理现场</td><td colspan="5"></td></tr>
<tr><td colspan="2" rowspan="3">计划评价</td><td>班级</td><td></td><td>第（　　）组</td><td>组长签字</td><td></td></tr>
<tr><td>教师签字</td><td></td><td>日期</td><td colspan="2"></td></tr>
<tr><td colspan="5">评语：</td></tr>
</table>

### 4.1.1.3　焊接引弧技能训练决策单

<table>
<tr><td>学习场</td><td colspan="6">金　工　实　训</td></tr>
<tr><td>学习情境 4</td><td colspan="3">电气设备接地引下线的焊接</td><td colspan="2">本环节学时</td><td>6 分钟</td></tr>
<tr><td>典型工作过程描述</td><td colspan="6">焊接引弧技能训练—焊接运条技能训练—焊接收尾技能训练—下料—接地引下线搭接平焊</td></tr>
<tr><td colspan="7">计　划　对　比</td></tr>
<tr><td>序号</td><td>计划的可行性</td><td>计划的经济性</td><td colspan="2">计划的可操作性</td><td>计划的实施难度</td><td>综合评价</td></tr>
<tr><td>方案 1</td><td></td><td></td><td colspan="2"></td><td></td><td></td></tr>
<tr><td>方案 2</td><td></td><td></td><td colspan="2"></td><td></td><td></td></tr>
<tr><td>方案 3</td><td></td><td></td><td colspan="2"></td><td></td><td></td></tr>
<tr><td rowspan="3">决策评价</td><td>班级</td><td></td><td>第（　　）组</td><td>组长签字</td><td colspan="2"></td></tr>
<tr><td>教师签字</td><td></td><td>日期</td><td colspan="3"></td></tr>
<tr><td colspan="6">评语：</td></tr>
</table>

学习情境 4-6

### 4.1.1.4 焊接引弧技能训练实施单

<table>
<tr><td>学习场</td><td colspan="5">金　工　实　训</td></tr>
<tr><td>学习情境 4</td><td colspan="3">电气设备接地引下线的焊接</td><td>本环节学时</td><td>60 分钟</td></tr>
<tr><td>典型工作过程描述</td><td colspan="5">焊接引弧技能训练—焊接运条技能训练—焊接收尾技能训练—下料—接地引下线搭接平焊</td></tr>
<tr><td>序号</td><td>实施步骤</td><td>工作内容及方法</td><td>工艺质量要求</td><td colspan="2">注意事项</td></tr>
<tr><td>1</td><td>工作前准备</td><td></td><td></td><td colspan="2"></td></tr>
<tr><td>2</td><td>开班前会，布置任务</td><td></td><td></td><td colspan="2"></td></tr>
<tr><td>3</td><td>安全操作引弧技能训练</td><td>1. 敲击法：使焊条与焊件表面垂直地接触，当焊条的末端与焊件的表面轻轻一碰，便迅速提起焊条并保持一定的距离，立即引燃电弧。<br>2. 划擦法：先将焊条末端对准焊件，然后将焊条在焊件表面划擦一下，当电弧引燃后趁金属还没有开始大量熔化的一瞬间，立即使焊条末端与被焊表面的距离维持在 2～4mm，电弧就能稳定地燃烧。</td><td>操作时必须掌握好手腕上下动作的时间和距离，保证电弧能稳定地燃烧。</td><td colspan="2">人身触电、电弧伤害、毒气和烟尘伤害、高温伤害</td></tr>
<tr><td>4</td><td>清理现场</td><td></td><td></td><td colspan="2"></td></tr>
<tr><td colspan="6">实施说明：</td></tr>
<tr><td rowspan="3">实施评价</td><td>班级</td><td></td><td>第（　　）组</td><td>组长签字</td><td></td></tr>
<tr><td>教师签字</td><td></td><td>日期</td><td colspan="2"></td></tr>
<tr><td colspan="5">评语：</td></tr>
</table>

学习情境 4-7

### 4.1.1.5　焊接引弧技能训练检查单

<table>
<tr><td colspan="2">学习场</td><td colspan="5">金　工　实　训</td></tr>
<tr><td colspan="2">学习情境 4</td><td colspan="3">电气设备接地引下线的焊接</td><td>本环节学时</td><td>6 分钟</td></tr>
<tr><td colspan="2">典型工作过程描述</td><td colspan="5">焊接引弧技能训练—焊接运条技能训练—焊接收尾技能训练—下料—接地引下线搭接平焊</td></tr>
<tr><td>序号</td><td>检查项目</td><td colspan="3">检 查 标 准</td><td>学生自查</td><td>教师检查</td></tr>
<tr><td>1</td><td>资讯环节</td><td colspan="3">获得电弧焊接引弧安全操作技能的有关信息的来源。</td><td></td><td></td></tr>
<tr><td>2</td><td>计划环节</td><td colspan="3">制定电弧焊接引弧安全操作技能步骤的各个方案。</td><td></td><td></td></tr>
<tr><td>3</td><td>决策环节</td><td colspan="3">对各种电弧焊接引弧安全操作技能的方案衡量对比评分，获取最佳方案。</td><td></td><td></td></tr>
<tr><td>4</td><td>实施环节</td><td colspan="3">电弧焊接引弧安全操作技能训练过程中各个环节按照标准执行，贯彻落实“四不伤害”。</td><td></td><td></td></tr>
<tr><td>5</td><td>检查环节</td><td colspan="3">各个环节逐一检查，是否有爱岗敬业的主题思想。</td><td></td><td></td></tr>
<tr><td colspan="2" rowspan="3">检查评价</td><td>班级</td><td></td><td>第（　　）组</td><td>组长签字</td><td></td></tr>
<tr><td>教师签字</td><td></td><td>日期</td><td colspan="2"></td></tr>
<tr><td colspan="5">评语：</td></tr>
</table>

## 4.1.2　焊接运条技能训练

### 4.1.2.1　焊接运条技能训练资讯单

<table>
<tr><td>学习场</td><td colspan="3">金　工　实　训</td></tr>
<tr><td>学习情境 4</td><td>电气设备接地引下线的焊接</td><td>本环节学时</td><td>6 分钟</td></tr>
<tr><td>典型工作过程描述</td><td colspan="3">焊接引弧技能训练—焊接运条技能训练—焊接收尾技能训练—下料—接地引下线搭接平焊</td></tr>
<tr><td>搜集资讯的方式</td><td colspan="3">教师的讲解、互联网查询或者同学间交流</td></tr>
<tr><td>资讯描述</td><td colspan="3">查看教师提供的资料，获取手工电弧焊接运条安全操作的技能要求和有关信息，便于安全有效地完成任务，参考图 4.1.3。<br><br>图 4.1.3　运条技能训练</td></tr>
<tr><td>对学生的要求</td><td colspan="3">课前充分预习实训作业单，实训过程中穿着实训服装，贯彻落实自己不伤害自己、自己不伤害他人、自己不被他人伤害、保护他人不被伤害的“四不伤害”安全要求注意事项，严格遵守实训室的各项规章制度。</td></tr>
<tr><td>参考资料</td><td colspan="3">参考《施工现场临时用电安全技术规范》（JGJ 46—2005）和《电弧焊焊接工艺规程》（GB/T 19867.1—2005）。</td></tr>
</table>

### 4.1.2.2　焊接运条技能训练计划单

<table>
<tr><td colspan="2">学习场</td><td colspan="4">金　工　实　训</td></tr>
<tr><td colspan="2">学习情境 4</td><td colspan="2">电气设备接地引下线的焊接</td><td>本环节学时</td><td>6 分钟</td></tr>
<tr><td colspan="2">典型工作过程描述</td><td colspan="4">焊接引弧技能训练—焊接运条技能训练—焊接收尾技能训练—下料—接地引下线搭接平焊</td></tr>
<tr><td colspan="2">计划制订的方式</td><td colspan="4">同学之间小组讨论</td></tr>
<tr><td>序号</td><td>工 作 步 骤</td><td colspan="4">注 意 事 项</td></tr>
<tr><td>1</td><td>工作前准备</td><td colspan="4"></td></tr>
<tr><td>2</td><td>开班前会，布置任务</td><td colspan="4"></td></tr>
<tr><td>3</td><td>安全操作运条训练</td><td colspan="4"></td></tr>
<tr><td>4</td><td>清理现场</td><td colspan="4"></td></tr>
</table>

<table>
<tr><td rowspan="3">计划评价</td><td>班级</td><td></td><td>第（　　）组</td><td>组长签字</td><td></td></tr>
<tr><td>教师签字</td><td></td><td>日期</td><td colspan="2"></td></tr>
<tr><td colspan="5">评语：</td></tr>
</table>

### 4.1.2.3　焊接运条技能训练决策单

<table>
<tr><td>学习场</td><td colspan="5">金　工　实　训</td></tr>
<tr><td>学习情境 4</td><td colspan="3">电气设备接地引下线的焊接</td><td>本环节学时</td><td>6 分钟</td></tr>
<tr><td>典型工作过程描述</td><td colspan="5">焊接引弧技能训练—焊接运条技能训练—焊接收尾技能训练—下料—接地引下线搭接平焊</td></tr>
<tr><td colspan="6">计　划　对　比</td></tr>
<tr><td>序号</td><td>计划的可行性</td><td>计划的经济性</td><td>计划的可操作性</td><td>计划的实施难度</td><td>综合评价</td></tr>
<tr><td>方案 1</td><td></td><td></td><td></td><td></td><td></td></tr>
<tr><td>方案 2</td><td></td><td></td><td></td><td></td><td></td></tr>
<tr><td>方案 3</td><td></td><td></td><td></td><td></td><td></td></tr>
</table>

<table>
<tr><td rowspan="3">决策评价</td><td>班级</td><td></td><td>第（　　）组</td><td>组长签字</td><td></td></tr>
<tr><td>教师签字</td><td></td><td>日期</td><td colspan="2"></td></tr>
<tr><td colspan="5">评语：</td></tr>
</table>

### 4.1.2.4 焊接运条技能训练实施单

<table>
<tr><td colspan="2">学习场</td><td colspan="5">金 工 实 训</td></tr>
<tr><td colspan="2">学习情境 4</td><td colspan="2">电气设备接地引下线的焊接</td><td colspan="2">本环节学时</td><td>120 分钟</td></tr>
<tr><td colspan="2">典型工作过程描述</td><td colspan="5">焊接引弧技能训练—焊接运条技能训练—焊接收尾技能训练—下料—接地引下线搭接平焊</td></tr>
<tr><td>序号</td><td>实施步骤</td><td>工作内容及方法</td><td colspan="3">工艺质量要求</td><td>注意事项</td></tr>
<tr><td>1</td><td>工作前准备</td><td></td><td colspan="3"></td><td></td></tr>
<tr><td>2</td><td>开班前会，布置任务</td><td></td><td colspan="3"></td><td></td></tr>
<tr><td>3</td><td>安全操作运条训练</td><td>1. 焊条沿轴线向熔池方向送进使焊条熔化后，能继续保持电弧的长度不变。<br>2. 焊条沿焊接方向的纵向移动。<br>3. 焊条的横向摆动。</td><td colspan="3">要求焊条向熔池方向送进的速度与焊条熔化的速度相等。焊条横向摆动的作用是为获得一定宽度的焊缝，并保证焊缝两侧熔合良好。正常的焊缝宽度一般不超过焊条直径的 2～5 倍。焊条在运行时应该稍作横向摆动，其目的是能获得均匀一致的焊缝成形，同时也是为了控制熔池温度。</td><td>人身触电、电弧伤害、毒气和烟尘伤害、高温伤害。</td></tr>
<tr><td>4</td><td>清理现场</td><td></td><td colspan="3"></td><td></td></tr>
<tr><td colspan="7">实施说明：</td></tr>
<tr><td colspan="2" rowspan="3">实施评价</td><td>班级</td><td></td><td>第（　　）组</td><td>组长签字</td><td></td></tr>
<tr><td>教师签字</td><td></td><td>日期</td><td colspan="2"></td></tr>
<tr><td colspan="5">评语：</td></tr>
</table>

### 4.1.2.5　焊接运条技能训练检查单

<table>
<tr><td>学习场</td><td colspan="4">金　工　实　训</td></tr>
<tr><td>学习情境 4</td><td colspan="2">电气设备接地引下线的焊接</td><td>本环节学时</td><td>6 分钟</td></tr>
<tr><td>典型工作过程描述</td><td colspan="4">焊接引弧技能训练—焊接运条技能训练—焊接收尾技能训练—下料—接地引下线搭接平焊</td></tr>
<tr><td>序号</td><td>检查项目</td><td>检 查 标 准</td><td>学生自查</td><td>教师检查</td></tr>
<tr><td>1</td><td>资讯环节</td><td>获得电弧焊接运条安全操作技能的有关信息的来源。</td><td></td><td></td></tr>
<tr><td>2</td><td>计划环节</td><td>制定电弧焊接运条安全操作技能步骤的各个方案。</td><td></td><td></td></tr>
<tr><td>3</td><td>决策环节</td><td>对各种电弧焊接运条安全操作技能的方案衡量对比评分，获取最佳方案。</td><td></td><td></td></tr>
<tr><td>4</td><td>实施环节</td><td>电弧焊接运条安全操作技能训练过程中各个环节按照标准执行，贯彻落实“四不伤害”。</td><td></td><td></td></tr>
<tr><td>5</td><td>检查环节</td><td>各个环节逐一检查，是否有爱岗敬业的主题思想。</td><td></td><td></td></tr>
<tr><td rowspan="3">检查评价</td><td>班级</td><td></td><td>第（　　）组</td><td>组长签字</td></tr>
<tr><td>教师签字</td><td></td><td>日期</td><td></td></tr>
<tr><td colspan="4">评语：</td></tr>
</table>

## 4.1.3 焊接收尾技能训练

### 4.1.3.1 焊接收尾技能训练资讯单

| 学习场 | 金 工 实 训 | | |
|---|---|---|---|
| 学习情境 4 | 电气设备接地引下线的焊接 | 本环节学时 | 6 分钟 |
| 典型工作过程描述 | 焊接引弧技能训练—焊接运条技能训练—焊接收尾技能训练—下料—接地引下线搭接平焊 | | |
| 搜集资讯的方式 | 教师的讲解、互联网查询或者同学间交流 | | |
| 资讯描述 | 查看教师提供的资料，获取手工电弧焊接收尾安全操作的技能要求和有关信息，便于安全有效地完成任务。 | | |
| 对学生的要求 | 课前充分预习实训作业单，实训过程中穿着实训服装，贯彻落实自己不伤害自己、自己不伤害他人、自己不被他人伤害、保护他人不被伤害的“四不伤害”安全要求，注意严格遵守实训室的各项规章制度。 | | |
| 参考资料 | 参考《施工现场临时用电安全技术规范》(JGJ 46—2005) 和《电弧焊焊接工艺规程》(GB/T 19867.1—2005)。 | | |

### 技 能 要 点

接地体（线）的焊接应采用搭接焊，其焊接长度如下：

1. 镀锌扁钢不小于其宽度的（　　），不少于（　　）施焊。当扁钢宽度不同时，搭接长度以（　　）为准。敷设前扁钢需调直，煨弯不得过死，直线段上不应有明显弯曲，并应立放。

2. 镀锌圆钢焊接长度为不小于其直径的（　　）并应（　　）施焊，当直径不同时，搭接长度以（　　　　）的为准。

3. 镀锌圆钢与镀锌扁钢连接时，其长度为不小于圆钢（　　　　　　），必要时采用辅助圆钢或扁钢弯成直角焊接。

4. 镀锌扁钢与镀锌钢管（或角钢）焊接时，除应在其接触部位（　　　）进行焊接外，还应直接将扁钢弯成弧形（或直角形）与钢管（或角钢）焊接，与钢管焊接时，在钢管上的包绕焊接长度不小于扁钢（　　　　　）。

### 4.1.3.2　焊接收尾技能训练计划单

<table>
<tr><td>学习场</td><td colspan="5">金　工　实　训</td></tr>
<tr><td>学习情境 4</td><td colspan="3">电气设备接地引下线的焊接</td><td>本环节学时</td><td>6 分钟</td></tr>
<tr><td>典型工作过程描述</td><td colspan="5">焊接引弧技能训练—焊接运条技能训练—焊接收尾技能训练—下料—接地引下线搭接平焊</td></tr>
<tr><td>计划制订的方式</td><td colspan="5">同学之间小组讨论</td></tr>
<tr><td>序号</td><td colspan="2">工 作 步 骤</td><td colspan="3">注 意 事 项</td></tr>
<tr><td>1</td><td colspan="2">工作前准备</td><td colspan="3"></td></tr>
<tr><td>2</td><td colspan="2">开班前会，布置任务</td><td colspan="3"></td></tr>
<tr><td>3</td><td colspan="2">安全操作收尾训练</td><td colspan="3"></td></tr>
<tr><td>4</td><td colspan="2">清理现场</td><td colspan="3"></td></tr>
<tr><td rowspan="3">计划评价</td><td>班级</td><td></td><td>第（　　）组</td><td>组长签字</td><td></td></tr>
<tr><td>教师签字</td><td></td><td>日期</td><td colspan="2"></td></tr>
<tr><td colspan="5">评语：</td></tr>
</table>

### 4.1.3.3　焊接收尾技能训练决策单

<table>
<tr><td>学习场</td><td colspan="5">金　工　实　训</td></tr>
<tr><td>学习情境 4</td><td colspan="3">电气设备接地引下线的焊接</td><td>本环节学时</td><td>6 分钟</td></tr>
<tr><td>典型工作过程描述</td><td colspan="5">焊接引弧技能训练—焊接运条技能训练—焊接收尾技能训练—下料—接地引下线搭接平焊</td></tr>
<tr><td colspan="6">计　划　对　比</td></tr>
<tr><td>序号</td><td>计划的可行性</td><td>计划的经济性</td><td>计划的可操作性</td><td>计划的实施难度</td><td>综合评价</td></tr>
<tr><td>方案 1</td><td></td><td></td><td></td><td></td><td></td></tr>
<tr><td>方案 2</td><td></td><td></td><td></td><td></td><td></td></tr>
<tr><td>方案 3</td><td></td><td></td><td></td><td></td><td></td></tr>
<tr><td rowspan="3">决策评价</td><td>班级</td><td></td><td>第（　　）组</td><td>组长签字</td><td></td></tr>
<tr><td>教师签字</td><td></td><td>日期</td><td colspan="2"></td></tr>
<tr><td colspan="5">评语：</td></tr>
</table>

### 4.1.3.4　焊接收尾技能训练实施单

| | | | |
|---|---|---|---|
| 学习场 | 金　工　实　训 | | |
| 学习情境 4 | 电气设备接地引下线的焊接 | 本环节学时 | 60 分钟 |
| 典型工作过程描述 | 焊接引弧技能训练—焊接运条技能训练—焊接收尾技能训练—下料—接地引下线搭接平焊 | | |

| 序号 | 实施步骤 | 工作内容及方法 | 工艺质量要求 | 注意事项 |
|---|---|---|---|---|
| 1 | 工作前准备 | | | |
| 2 | 开班前会，布置任务 | | | |
| 3 | 安全操作收尾训练 | 1. 反复断弧法。<br>2. 划圈法。<br>3. 转移收尾法。 | 1. 反复断弧法：焊条移到焊缝终点时，在弧坑处反复熄弧、引弧数次，直到填满弧坑为止。<br>2. 划圈法：焊条移到焊缝终点时，在弧坑处作圆圈运动，直到填满弧坑再拉断电弧。<br>3. 转移法：焊条移到焊缝终点时，在弧坑处稍作停留，将电弧慢慢抬高，再引到焊缝边缘的母材坡口内。 | 人身触电、电弧伤害、毒气和烟尘伤害、高温伤害。 |
| 4 | 清理现场 | | | |

实施说明：

| | | | | | |
|---|---|---|---|---|---|
| 实施评价 | 班级 | | 第（　　）组 | 组长签字 | |
| | 教师签字 | | 日　期 | | |
| | 评语： | | | | |

### 4.1.3.5　焊接收尾技能训练检查单

<table>
<tr><td colspan="2">学习场</td><td colspan="4">金　工　实　训</td></tr>
<tr><td colspan="2">学习情境 4</td><td colspan="2">电气设备接地引下线的焊接</td><td>本环节学时</td><td>6 分钟</td></tr>
<tr><td colspan="2">典型工作过程描述</td><td colspan="4">焊接引弧技能训练—焊接运条技能训练—焊接收尾技能训练—下料—接地引下线搭接平焊</td></tr>
<tr><td>序号</td><td>检查项目</td><td colspan="2">检 查 标 准</td><td>学生自查</td><td>教师检查</td></tr>
<tr><td>1</td><td>资讯环节</td><td colspan="2">获得电弧焊接收尾安全操作技能的有关信息的来源。</td><td></td><td></td></tr>
<tr><td>2</td><td>计划环节</td><td colspan="2">制定电弧焊接收尾安全操作技能步骤的各个方案。</td><td></td><td></td></tr>
<tr><td>3</td><td>决策环节</td><td colspan="2">对各种电弧焊接收尾安全操作技能的方案衡量对比评分，获取最佳方案。</td><td></td><td></td></tr>
<tr><td>4</td><td>实施环节</td><td colspan="2">电弧焊接收尾安全操作技能训练过程中各个环节按照标准执行，贯彻落实“四不伤害”。</td><td></td><td></td></tr>
<tr><td>5</td><td>检查环节</td><td colspan="2">各个环节逐一检查，是否有爱岗敬业的主题思想。</td><td></td><td></td></tr>
<tr><td colspan="2" rowspan="3">检查评价</td><td>班级</td><td></td><td>第（　　）组</td><td>组长签字</td></tr>
<tr><td>教师签字</td><td></td><td>日期</td><td></td></tr>
<tr><td colspan="4">评语：</td></tr>
</table>

## 4.1.4 下料

### 4.1.4.1 下料资讯单

| 学习场 | 金　工　实　训 | | |
|---|---|---|---|
| 学习情境 4 | 电气设备接地引下线的焊接 | 本环节学时 | 6 分钟 |
| 典型工作过程描述 | 焊接引弧技能训练—焊接运条技能训练—焊接收尾技能训练—下料—接地引下线搭接平焊 | | |
| 搜集资讯的方式 | 教师的讲解、互联网查询或者同学间交流 | | |
| 资讯描述 | 查看教师提供的资料，获取搭接平焊下料的安全操作技能要求和有关信息，便于安全有效地完成任务。 | | |
| 对学生的要求 | 课前充分预习实训作业单，实训过程中穿着实训服装，贯彻落实自己不伤害自己、自己不伤害他人、自己不被他人伤害、保护他人不被伤害的“四不伤害”安全要求，注意严格遵守实训室的各项规章制度。 | | |
| 参考资料 | 参考《施工现场临时用电安全技术规范》（JGJ 46—2005）和《电弧焊焊接工艺规程》（GB/T 19867.1—2005）。 | | |

图 4.1.4 中焊接过程有哪些操作是违规的：________________

________________________________

________________________________

图 4.1.4　现场焊接（1）

### 4.1.4.2　下料计划单

<table>
<tr><td colspan="2">学习场</td><td colspan="5">金　工　实　训</td></tr>
<tr><td colspan="2">学习情境 4</td><td colspan="3">电气设备接地引下线的焊接</td><td>本环节学时</td><td>6 分钟</td></tr>
<tr><td colspan="2">典型工作过程描述</td><td colspan="5">焊接引弧技能训练—焊接运条技能训练—焊接收尾技能训练—下料—接地引下线搭接平焊</td></tr>
<tr><td colspan="2">计划制订的方式</td><td colspan="5">同学之间小组讨论</td></tr>
<tr><td>序号</td><td>工 作 步 骤</td><td colspan="5">注 意 事 项</td></tr>
<tr><td>1</td><td>工作前准备</td><td colspan="5"></td></tr>
<tr><td>2</td><td>开班前会，布置任务</td><td colspan="5"></td></tr>
<tr><td>3</td><td>下料安全操作</td><td colspan="5"></td></tr>
<tr><td>4</td><td>清理现场</td><td colspan="5"></td></tr>
<tr><td colspan="2" rowspan="3">计划评价</td><td>班级</td><td></td><td>第（　　）组</td><td>组长签字</td><td></td></tr>
<tr><td>教师签字</td><td></td><td>日期</td><td colspan="2"></td></tr>
<tr><td colspan="5">评语：</td></tr>
</table>

### 4.1.4.3　下料决策单

<table>
<tr><td>学习场</td><td colspan="6">金　工　实　训</td></tr>
<tr><td>学习情境 4</td><td colspan="4">电气设备接地引下线的焊接</td><td>本环节学时</td><td>6 分钟</td></tr>
<tr><td>典型工作过程描述</td><td colspan="6">焊接引弧技能训练—焊接运条技能训练—焊接收尾技能训练—下料—接地引下线搭接平焊</td></tr>
<tr><td colspan="7">计　划　对　比</td></tr>
<tr><td>序号</td><td>计划的可行性</td><td>计划的经济性</td><td>计划的可操作性</td><td colspan="2">计划的实施难度</td><td>综合评价</td></tr>
<tr><td>方案 1</td><td></td><td></td><td></td><td colspan="2"></td><td></td></tr>
<tr><td>方案 2</td><td></td><td></td><td></td><td colspan="2"></td><td></td></tr>
<tr><td>方案 3</td><td></td><td></td><td></td><td colspan="2"></td><td></td></tr>
<tr><td rowspan="3">决策评价</td><td>班级</td><td></td><td>第（　　）组</td><td>组长签字</td><td colspan="2"></td></tr>
<tr><td>教师签字</td><td></td><td>日期</td><td colspan="3"></td></tr>
<tr><td colspan="6">评语：</td></tr>
</table>

### 4.1.4.4 下料实施单

<table>
<tr><td colspan="2">学习场</td><td colspan="5">金 工 实 训</td></tr>
<tr><td colspan="2">学习情境 4</td><td colspan="3">电气设备接地引下线的焊接</td><td>本环节学时</td><td>40 分钟</td></tr>
<tr><td colspan="2">典型工作过程描述</td><td colspan="5">焊接引弧技能训练—焊接运条技能训练—焊接收尾技能训练—下料—接地引下线搭接平焊</td></tr>
<tr><td>序号</td><td>实施步骤</td><td colspan="2">工作内容及方法</td><td colspan="2">工艺质量要求</td><td>注意事项</td></tr>
<tr><td>1</td><td>工作前准备</td><td colspan="2"></td><td colspan="2"></td><td></td></tr>
<tr><td>2</td><td>开班前会，<br>布置任务</td><td colspan="2"></td><td colspan="2"></td><td></td></tr>
<tr><td>3</td><td>下料安全操作</td><td colspan="2"></td><td colspan="2"></td><td></td></tr>
<tr><td>4</td><td>清理现场</td><td colspan="2"></td><td colspan="2"></td><td></td></tr>
<tr><td colspan="7">实施说明：</td></tr>
<tr><td rowspan="3" colspan="2">实施评价</td><td>班级</td><td></td><td>第（　　）组</td><td>组长签字</td><td></td></tr>
<tr><td>教师签字</td><td></td><td>日期</td><td colspan="2"></td></tr>
<tr><td colspan="5">评语：</td></tr>
</table>

#### 4.1.4.5　下料检查单

<table>
<tr><td colspan="2">学习场</td><td colspan="4">金　工　实　训</td></tr>
<tr><td colspan="2">学习情境4</td><td colspan="2">电气设备接地引下线的焊接</td><td>本环节学时</td><td>6分钟</td></tr>
<tr><td colspan="2">典型工作过程描述</td><td colspan="4">焊接引弧技能训练—焊接运条技能训练—焊接收尾技能训练—下料—接地引下线搭接平焊</td></tr>
<tr><td>序号</td><td>检查项目</td><td>检 查 标 准</td><td>学生自查</td><td colspan="2">教师检查</td></tr>
<tr><td>1</td><td>资讯环节</td><td>获得搭焊下料安全操作技能的有关信息的来源。</td><td></td><td colspan="2"></td></tr>
<tr><td>2</td><td>计划环节</td><td>制定搭焊下料安全操作技能步骤的各个方案。</td><td></td><td colspan="2"></td></tr>
<tr><td>3</td><td>决策环节</td><td>对各种搭焊下料安全操作技能的方案衡量对比评分，获取最佳方案。</td><td></td><td colspan="2"></td></tr>
<tr><td>4</td><td>实施环节</td><td>电弧焊接搭焊下料过程中各个环节按照标准执行，贯彻落实“四不伤害”。</td><td></td><td colspan="2"></td></tr>
<tr><td>5</td><td>检查环节</td><td>各个环节逐一检查，是否有爱岗敬业的主题思想。</td><td></td><td colspan="2"></td></tr>
<tr><td colspan="2" rowspan="3">检查评价</td><td>班级</td><td>第（　）组</td><td>组长签字</td><td></td></tr>
<tr><td>教师签字</td><td>日期</td><td colspan="2"></td></tr>
<tr><td colspan="4">评语：</td></tr>
</table>

## 4.1.5 接地引下线搭接平焊

### 4.1.5.1 接地引下线搭接平焊资讯单

| | | | |
|---|---|---|---|
| 学习场 | 金 工 实 训 | | |
| 学习情境 4 | 电气设备接地引下线的焊接 | 本环节学时 | 6 分钟 |
| 典型工作过程描述 | 焊接引弧技能训练—焊接运条技能训练—焊接收尾技能训练—下料—接地引下线搭接平焊 | | |
| 搜集资讯的方式 | 教师的讲解、互联网查询或者同学间交流 | | |
| 资讯描述 | 查看教师提供的资料，获取手工电弧焊搭接安全操作的技能要求和有关信息，便于安全有效地完成任务，参考图 4.1.5。<br><br>图 4.1.5 现场焊接（2） | | |
| 对学生的要求 | 课前预习实训作业单，实训过程中穿着实训服装，贯彻落实自己不伤害自己、自己不伤害他人、自己不被他人伤害，保护他人不被伤害的“四不伤害”安全要求，注意严格遵守实训室的各项规章制度。 | | |
| 参考资料 | 参考《弧焊设备第 1 部分：焊接电源》(GB/T 15579.1—2013) 和《电弧焊焊接工艺规程》(GB/T 19867.1—2005)。 | | |

### 4.1.5.2　接地引下线搭接平焊计划单

<table>
<tr><td colspan="2">学习场</td><td colspan="4">金　工　实　训</td></tr>
<tr><td colspan="2">学习情境 4</td><td colspan="2">电气设备接地引下线的焊接</td><td>本环节学时</td><td>6 分钟</td></tr>
<tr><td colspan="2">典型工作过程描述</td><td colspan="4">焊接引弧技能训练—焊接运条技能训练—焊接收尾技能训练—下料—接地引下线搭接平焊</td></tr>
<tr><td colspan="2">计划制订的方式</td><td colspan="4">同学之间小组讨论</td></tr>
<tr><td>序号</td><td>工 作 步 骤</td><td colspan="4">注 意 事 项</td></tr>
<tr><td>1</td><td>工作前准备</td><td colspan="4"></td></tr>
<tr><td>2</td><td>开班前会，布置任务</td><td colspan="4"></td></tr>
<tr><td>3</td><td>搭焊接安全操作</td><td colspan="4"></td></tr>
<tr><td>4</td><td>清理现场</td><td colspan="4"></td></tr>
</table>

<table>
<tr><td rowspan="3">计划评价</td><td>班级</td><td></td><td>第（　　）组</td><td>组长签字</td><td></td></tr>
<tr><td>教师签字</td><td></td><td>日期</td><td colspan="2"></td></tr>
<tr><td colspan="5">评语：</td></tr>
</table>

学习情境
4-25

### 4.1.5.3 接地引下线搭接平焊决策单

<table>
<tr><td>学习场</td><td colspan="7">金　工　实　训</td></tr>
<tr><td>学习情境 4</td><td colspan="4">电气设备接地引下线的焊接</td><td colspan="2">本环节学时</td><td>6 分钟</td></tr>
<tr><td>典型工作过程描述</td><td colspan="7">焊接引弧技能训练—焊接运条技能训练—焊接收尾技能训练—下料—接地引下线搭接平焊</td></tr>
<tr><td colspan="8">计　划　对　比</td></tr>
<tr><td>序号</td><td>计划的可行性</td><td colspan="2">计划的经济性</td><td>计划的可操作性</td><td colspan="2">计划的实施难度</td><td>综合评价</td></tr>
<tr><td>方案 1</td><td></td><td colspan="2"></td><td></td><td colspan="2"></td><td></td></tr>
<tr><td>方案 2</td><td></td><td colspan="2"></td><td></td><td colspan="2"></td><td></td></tr>
<tr><td>方案 3</td><td></td><td colspan="2"></td><td></td><td colspan="2"></td><td></td></tr>
<tr><td rowspan="3">决策评价</td><td>班级</td><td></td><td>第（　　）组</td><td>组长签字</td><td colspan="3"></td></tr>
<tr><td>教师签字</td><td></td><td>日期</td><td colspan="4"></td></tr>
<tr><td colspan="7">评语：</td></tr>
</table>

### 4.1.5.4 接地引下线搭接平焊实施单

<table>
<tr><td>学习场</td><td colspan="6">金　工　实　训</td></tr>
<tr><td>学习情境 4</td><td colspan="3">电气设备接地引下线的焊接</td><td colspan="2">本环节学时</td><td>240 分钟</td></tr>
<tr><td>典型工作过程描述</td><td colspan="6">焊接引弧技能训练—焊接运条技能训练—焊接收尾技能训练—下料—接地引下线搭接平焊</td></tr>
<tr><td>序号</td><td>实施步骤</td><td colspan="2">工作内容及方法</td><td colspan="2">工艺质量要求</td><td>注意事项</td></tr>
<tr><td>1</td><td>工作前准备</td><td colspan="2"></td><td colspan="2"></td><td></td></tr>
<tr><td>2</td><td>开班前会，布置任务</td><td colspan="2"></td><td colspan="2"></td><td></td></tr>
<tr><td>3</td><td>搭焊接安全操作</td><td colspan="2"></td><td colspan="2"></td><td></td></tr>
<tr><td>4</td><td>清理现场</td><td colspan="2">敲掉药皮部分。</td><td colspan="2">使焊接地方呈现出光亮的鱼鳞状。</td><td>焊渣伤害。</td></tr>
<tr><td colspan="7">实施说明：</td></tr>
<tr><td rowspan="3">实施评价</td><td>班级</td><td></td><td>第（　　）组</td><td>组长签字</td><td colspan="2"></td></tr>
<tr><td>教师签字</td><td></td><td>日期</td><td colspan="3"></td></tr>
<tr><td colspan="6">评语：</td></tr>
</table>

#### 4.1.5.5　接地引下线搭接平焊检查单

<table>
<tr><td colspan="2">学习场</td><td colspan="6">金　工　实　训</td></tr>
<tr><td colspan="2">学习情境 4</td><td colspan="3">电气设备接地引下线的焊接</td><td colspan="2">本环节学时</td><td>6 分钟</td></tr>
<tr><td colspan="2">典型工作过程描述</td><td colspan="6">焊接引弧技能训练—焊接运条技能训练—焊接收尾技能训练—下料—接地引下线搭接平焊</td></tr>
<tr><td>序号</td><td>检查项目</td><td colspan="2">检 查 标 准</td><td colspan="2">学生自查</td><td colspan="2">教师检查</td></tr>
<tr><td>1</td><td>资讯环节</td><td colspan="2">获得电弧焊搭接安全操作技能的有关信息的来源。</td><td colspan="2"></td><td colspan="2"></td></tr>
<tr><td>2</td><td>计划环节</td><td colspan="2">制定电弧焊搭接安全操作技能步骤的各个方案。</td><td colspan="2"></td><td colspan="2"></td></tr>
<tr><td>3</td><td>决策环节</td><td colspan="2">对各种电弧焊搭接安全操作技能的方案衡量对比评分，获取最佳方案。</td><td colspan="2"></td><td colspan="2"></td></tr>
<tr><td>4</td><td>实施环节</td><td colspan="2">电弧焊搭接安全操作技能训练过程中各个环节按照标准执行，贯彻落实“四不伤害”。</td><td colspan="2"></td><td colspan="2"></td></tr>
<tr><td>5</td><td>检查环节</td><td colspan="2">各个环节逐一检查，是否有爱岗敬业的主题思想。</td><td colspan="2"></td><td colspan="2"></td></tr>
<tr><td colspan="2" rowspan="3">检查评价</td><td>班级</td><td></td><td>第（　　）组</td><td>组长签字</td><td colspan="2"></td></tr>
<tr><td>教师签字</td><td></td><td>日期</td><td colspan="3"></td></tr>
<tr><td colspan="6">评语：</td></tr>
</table>

## 4.2　电气设备接地引下线的焊接学习情境材料工具清单

| | | | | | |
|---|---|---|---|---|---|
| 学习场 | 金　工　实　训 | | | | |
| 学习情境 4 | 电气设备接地引下线的焊接 | | | 本环节学时 | 660 分钟 |
| 典型工作过程描述 | 焊接引弧技能训练—焊接运条技能训练—焊接收尾技能训练—下料—接地引下线搭接平焊 | | | | |
| 序号 | 名称 | 作用 | 数量 | 型号 | 使用者 |
| | | | | | |
| | | | | | |
| | | | | | |
| | | | | | |
| | | | | | |
| | | | | | |
| | | | | | |
| | | | | | |
| | | | | | |
| | | | | | |
| | | | | | |
| | | | | | |
| | | | | | |
| | | | | | |
| | | | | | |
| | | | | | |
| | | | | | |
| | | | | | |
| | | | | | |
| 班级 | | 第（　　）组 | | 组长签字 | |
| 教师签字 | | 日期 | | | |

## 4.3　电气设备接地引下线的焊接学习情境教学反馈单

<table>
<tr><td>学习场</td><td colspan="5">金　工　实　训</td></tr>
<tr><td>学习情境 4</td><td colspan="3">电气设备接地引下线的焊接</td><td>本环节学时</td><td>660 分钟</td></tr>
<tr><td>典型工作过程描述</td><td colspan="5">焊接引弧技能训练—焊接运条技能训练—焊接收尾技能训练—下料—接地引下线搭接平焊</td></tr>
<tr><td rowspan="6">调查项目</td><td>序号</td><td>调 查 内 容</td><td colspan="3">理 由 描 述</td></tr>
<tr><td></td><td></td><td colspan="3"></td></tr>
<tr><td></td><td></td><td colspan="3"></td></tr>
<tr><td></td><td></td><td colspan="3"></td></tr>
<tr><td></td><td></td><td colspan="3"></td></tr>
<tr><td></td><td></td><td colspan="3"></td></tr>
<tr><td colspan="6">您对本次课程教学的改进意见：</td></tr>
<tr><td>调查信息</td><td>被调查人姓名</td><td></td><td>调查日期</td><td colspan="2"></td></tr>
</table>

## 4.4　电气设备接地引下线的焊接学习情境分组单

| | | | | | | |
|---|---|---|---|---|---|---|
| 学习场 | 金　工　实　训 | | | | | |
| 学习情境 4 | 电气设备接地引下线的焊接 | | | 本环节学时 | 660 分钟 | |
| 典型工作过程描述 | 焊接引弧技能训练—焊接运条技能训练—焊接收尾技能训练—下料—接地引下线搭接平焊 | | | | | |
| 分组情况 | 组别 | 组长 | 组　员 | | | |
| | | | | | | |
| | | | | | | |
| | | | | | | |
| | | | | | | |
| | | | | | | |
| | | | | | | |
| | | | | | | |
| | | | | | | |
| | | | | | | |
| | | | | | | |
| | | | | | | |
| | | | | | | |
| | | | | | | |
| | | | | | | |
| | | | | | | |
| | | | | | | |
| | | | | | | |
| | | | | | | |
| | | | | | | |
| | | | | | | |
| | | | | | | |
| | | | | | | |
| | | | | | | |
| | | | | | | |
| 分组说明 | | | | | | |
| 班级 | | 教师签字 | | 日期 | | |

## 4.5 电气设备接地引下线的焊接学习情境评价单

| 学习场 | 金 工 实 训 | | | | |
|---|---|---|---|---|---|
| 学习情境 4 | 电气设备接地引下线的焊接 | | 本环节学时 | 20 分钟 | |
| 典型工作过程描述 | 焊接引弧技能训练—焊接运条技能训练—焊接收尾技能训练—下料—接地引下线搭接平焊 | | | | |
| 评价项目 | 评 价 子 项 目 | 学生自评 20% | 组内评价 30% | 教师评价 50% | |
| 典型工作环节焊接引弧技能训练 | 1. 资讯 10 分；2. 计划 10 分；3. 决策 10 分；4. 实施 40 分；5. 检查 10 分；6. 工作态度 20 分。 | | | | |
| 典型工作环节焊接运条技能训练 | 1. 资讯 10 分；2. 计划 10 分；3. 决策 10 分；4. 实施 40 分；5. 检查 10 分；6. 工作态度 20 分。 | | | | |
| 典型工作环节焊接收尾技能训练 | 1. 资讯 10 分；2. 计划 10 分；3. 决策 10 分；4. 实施 40 分；5. 检查 10 分；6. 工作态度 20 分。 | | | | |
| 典型工作环节下料 | 1. 资讯 10 分；2. 计划 10 分；3. 决策 10 分；4. 实施 40 分；5. 检查 10 分；6. 工作态度 20 分。 | | | | |
| 典型工作环节接地引下线搭接平焊 | 1. 资讯 10 分；2. 计划 10 分；3. 决策 10 分；4. 实施 40 分；5. 检查 10 分；6. 工作态度 20 分。 | | | | |
| 最终结果 | 1. 资讯 10 分；2. 计划 10 分；3. 决策 10 分；4. 实施 40 分；5. 检查 10 分；6. 工作态度 20 分。 | | | | |
| 评价 | 班级 | | 第（ ）组 | 组长签字 | |
| | 教师签字 | | 日期 | | |
| | 评语： | | | | |

## 4.6　教师实施计划单

| 学习场 | 金　工　实　训 | | | | | |
|---|---|---|---|---|---|---|
| 学习情境 4 | 电气设备接地引下线的焊接 | | | 学时 | 660 分钟 | |
| 典型工作过程描述 | 焊接引弧技能训练—焊接运条技能训练—焊接收尾技能训练—下料—接地引下线搭接平焊 | | | | | |
| 序号 | 工作与学习步骤 | 学时 | 使用工具 | 地点 | 方式 | 备注 |
| | | | | | | |
| | | | | | | |
| | | | | | | |
| | | | | | | |
| | | | | | | |
| | | | | | | |
| | | | | | | |
| | | | | | | |
| | | | | | | |
| | | | | | | |
| 班级 | | 教师签字 | | 日期 | | |

# 参 考 文 献


［1］ 姜大源. 职业教育学新论［M］. 北京：教育科学出版社，2007.

［2］ 姜大源. 工作过程导向的高职课程开发探索与实践——国家示范性高等职业院校课程开发案例汇编［M］. 北京：高等教育出版社，2008.

［3］ 戴士宏. 职业教育课程教学改革［M］. 北京：清华大学出版社，2007.

［4］ 中华人民共和国国家质量监督检验检疫总局. GB 26860—2011 电力安全工作规程（发电厂和变电站电气部分）［S］. 北京：中国标准出版社，2011.

［5］ 中华人民共和国建设部. JGJ 46—2005 施工现场临时用电安全技术规范［S］. 北京：中国建筑工业出版社，2005.

［6］ 中华人民共和国国家质量监督检验检疫总局. GB/T 15579.1—2013 弧焊设备 第1部分：焊接电源［S］. 北京：中国质检出版社，2013.

［7］ 中华人民共和国国家质量监督检验检疫总局. GB/T 19867.1—2005 电弧焊焊接工艺规程［S］. 北京：中国质检出版社，2005.

［8］ 中华人民共和国住房和城乡建设部. GB 50169—2016 电气装置安装工程接地装置施工及验收规范［S］. 北京：中国计划出版社，2016.

［9］ 中国国家标准化管理委员会. GB/T 8118—2010 电弧焊机通用技术条件［S］. 北京：中国质检出版社，2010.

［10］ 中华人民共和国国家质量监督检验检疫总局. GB/T 6170—2015 1型六角螺母［S］. 北京：中国标准出版社，2015.